LEURS RAPPORTS

... POLAIRES ET AVEC LES ...
... LA PRÉCESSION DES ÉQUINOXES

PAR

JULES PÉROCHE.

Extrait des Mémoires de la Société d'Archéologie et d'Histoire
de la Manche, tome VII, année 1886.

PARIS

ANCIENNE LIBRAIRIE GERMER BAILLIÈRE ET Cⁱᵉ

FÉLIX ALCAN, ÉDITEUR

108, BOULEVARD SAINT-GERMAIN, 108.

1886.

LES VÉGÉTATIONS FOSSILES

Saint Lo.- Imprimerie Elie fils, rue des Prés, 5.

LES
VÉGÉTATIONS FOSSILES

DANS LEURS RAPPORTS

AVEC LES RÉVOLUTIONS POLAIRES ET AVEC LES INFLUENCES
THERMIQUES DE LA PRÉCESSION DES ÉQUINOXES,

PAR

JULES PÉROCHE.

Extrait des Mémoires de la Société d'Archéologie et d'Histoire naturelle
de la Manche, tome VII, année 1886.

PARIS

ANCIENNE LIBRAIRIE GERMER BAILLIÈRE ET Cᶦᵉ.

FÉLIX ALCAN, ÉDITEUR

108, BOULEVARD SAINT-GERMAIN, 108.

1886.

LES VÉGÉTATIONS FOSSILES

. DANS LEURS

RAPPORTS AVEC LES RÉVOLUTIONS POLAIRES

ET AVEC LES

INFLUENCES THERMIQUES DE LA PRÉCESSION DES ÉQUINOXES.

EXPOSÉ THÉORIQUE.

L'étude de la géologie a conduit à la solution de plus d'un grand problème. Mais combien de ces questions se rattachant au sol qui n'ont encore été que trop imparfaitement élucidées ! De ce nombre est celle qui a trait aux grandes variations de température que la Terre a eu à subir. Ce n'est pas que bien des hypothèses n'aient déjà été émises à cet égard. Mais la plupart sont venues se heurter contre des impossibilités ou des insuffisances qu'il n'a pas été difficile de faire ressortir. Si le but n'a pas encore été atteint, il s'est du moins peu à peu rapproché.

Notre opinion, que des corrélations de toute nature ont fait naître et que nous avons essayé, à plusieurs reprises, de signaler à l'attention, est que les grands changements de température dont il s'agit découlent principalement de la non-fixité de l'écorce terrestre sur son noyau fluide, conséquemment de ses déplacements, et la précession des équinoxes superposerait ses propres effets à ceux-là, soit en y ajoutant, soit en les atténuant.

Les déplacements de l'enveloppe terrestre seraient le

résultat des attractions auxquelles est dû le balancement
de la précession. Ils se prononceraient surtout dans le
sens équatorial ; mais ils se produiraient en outre dans
la direction des méridiens. Entravée dans son mouvement de rotation, notre planète laisserait sa croûte
s'attarder plus ou moins par rapport à la masse centrale.
Quant aux glissements en latitude, ils tiendraient, en
partie, à l'inclinaison de l'axe et, pour le surplus, à
l'obliquité comparative du plan de l'orbite lunaire.
Du reste, activés ou ralentis selon les circonstances, ces
derniers se marqueraient, comme les déplacements
équatoriaux, dans la limite même de l'excentricité de
notre orbite, excentricité qui réagirait en même temps
sur celle de la lune, et c'est également dans cette mesure
que la précession interviendrait au point de vue clima-
tologique.

Les oscillations polaires, conséquence des glissements
en latitude, s'effectueraient dans les limites d'un cercle
de 15 degrés de rayon. De ce fait, tous les points du
globe se rapprocheraient donc ou s'éloigneraient des
pôles comme de l'équateur d'une distance égale à 30
degrés. Très lent, le mouvement, dans son ensemble,
embrasserait, selon nos évaluations, quelque chose
comme 12 ou 1,300,000 ans. Il va de soi que c'est
beaucoup plus rapidement que se manifesteraient les
autres alternatives, puisque celles-là, amenées par la
précession, n'auraient jamais d'autres durées que celles
mêmes du balancement auquel elles seraient dues.

Actuellement, le mouvement polaire aurait lieu, pour
nous, dans le sens d'un abaissement vers l'équateur, et,
de même que tout l'hémisphère boréal, nous nous trouve-
rions dans une de nos phases précessionnelles de chaleur.
Cette phase serait toutefois peu importante par suite de

la faiblesse de l'excentricité de notre orbite, et, par cette raison, notre abaissement en latitude se trouverait, de son côté, presque réduit à son minimum.

Sans doute, les déplacements de l'écorce du globe qui, après nous avoir éloignés du pôle, nous en auraient rapprochés pour nous en éloigner encore, pourraient, sous le rapport des changements en latitude, se produire d'une manière très variable, puisque, par suite de la rotation, tous les méridiens sont soumis aux mêmes influences, et que, sous l'action de la précession, les deux hémisphères les éprouvent tour à tour dans des conditions analogues. Mais l'uniformité leur serait imposée par une cause particulière, indépendamment de la forme même de notre sphéroïde, aplati dans un sens et renflé de l'autre ; nous voulons parler de l'épaisseur de la croûte minérale à l'intérieur du cercle des stations polaires. Il nous paraît incontestable que, plus promptement refroidie sur ce point que sur les autres parties de la planète et beaucoup plus atteinte, depuis de longs âges, par les congélations, l'enveloppe n'a pu que s'y solidifier plus profondément. Il y aurait donc là comme un amas lenticulaire, et c'est cet amas, sorte de pivot, dont tout le pourtour aminci irait successivement occuper le pôle, qui, en circonscrivant les glissements, concourrait à les maintenir dans les limites qu'ils accusent.

Prétendre que les déplacements polaires auraient toujours suivi la même marche, serait assurément aller beaucoup trop loin, et c'est ce que nous ne faisons nullement. A certains moments, sous l'influence d'autres causes, telles que de grandes dénivellations du sol, des changements ont pu, en effet, survenir dans leur direction. Les inégalités qui se produisent à la surface, se répètent très vraisemblablement à la partie interne de la croûte. Des résistances doivent en résulter, et l'on comprend que les glissements en soient plus ou moins affectés. Primitivement aussi, ils ont pu avoir plus de vitesse et s'opérer, non sur la base actuelle de notre cercle de 30 degrés de diamètre, mais sur une base qui s'est peut-être élevée au-delà de 45 degrés, ce qui s'expliquerait par la moindre épaisseur et conséquemment par la moindre rigidité des couches durcies. Ce que nous croyons pouvoir avancer, c'est que, depuis le milieu de l'époque secondaire, la même impulsion se serait maintenue et que si des modifications sont survenues, elles n'ont dû être que très exceptionnelles et très temporaires.

Il nous semble facile de se rendre compte de l'action de l'encroûtement lenticulaire de l'écorce terrestre dans la région occupée par les pôles. L'amas ne peut que s'opposer, par son surcroît d'épaisseur, aux entraînements qui se manifestent dans la direction de son centre, tandis que la même résistance ne se présenterait en rien dans le sens de ses bords, et, pour ce qui nous concerne, si nous nous abaissons vers l'équateur au lieu de nous relever vers le pôle, la raison en serait uniquement dans la position même de l'encroûtement qui, ayant son milieu vers le 76° degré de longitude ouest, se trouverait justement là où, par suite de la rotation, les glissements polaires doivent forcément tendre. S'étonnera-t-on que l'épaississement soit moindre aux limites du cercle qui passerait par les pôles qu'au centre même de ce cercle ? Mais les points occupés par les pôles s'éloigneraient jusqu'à une distance qui leur permettrait de réels réchauffements, tandis que le centre, toujours refroidi, ne passerait, en aucun temps, par aucun adoucissement quelconque.

Autre chose est à considérer. Nous avons dit que les deux hémisphères, par suite du balancement de la précession, sont tour à tour soumis aux mêmes influences. Lorsque l'hémisphère austral est venu prendre, au périhélie, la position qu'y a actuellement l'hémisphère boréal, c'est naturellement de son côté que passe le principal effort des attractions. Mais cette action ne s'exercerait plus dans le sens de notre méridien ; elle se produirait dans le sens du méridien diamétralement opposé, c'est-à-dire vers le 180° degré de longitude. Seulement, bien qu'indirect, l'effet n'en resterait pas moins le même pour nous. La direction du glissement ne saurait, du reste, être différente là non plus, en raison de la position de l'encroûtement polaire qui, existant, de ce côté, à l'est du pôle, se trouverait, par rapport aux entraînements, exactement dans une situation identique à celle du nôtre. Ajoutons que ce qui aurait lieu, à cet égard, sous l'influence du soleil, se produirait également sous l'action de la lune, par suite des mouvements qui lui sont propres. Provoqués de la même façon du côté de chaque pôle, les entraînements passeraient donc successivement d'un méridien à l'autre, à mesure que les glissements s'effectueraient, et c'est ainsi que la révolution polaire, composée de parties d'ellipse plus ou moins allongées, correspondant aux demi-révolutions de la précession, s'accomplirait sans interruption dans son ensemble et sans se ressentir autrement de l'autre balancement, avec lequel cependant il aurait tant de rapports (1).

Les oscillations polaires n'ont pas amené que des changements dans les températures. On leur doit, en

(1 Voir notre carte polaire.

outre, entre autres faits, d'une part, les immersions glaciaires, d'autre part, les submersions équatoriales. Aux attractions, lors des fortes excentricités, seraient dus également les grands soulèvements du sol.

Les immersions glaciaires ne sont qu'une des conséquences de l'aplatissement polaire, et c'est en nous basant sur leur extension que nous avons cru pouvoir déterminer le sens et l'amplitude du balancement de la croûte terrestre relativement aux pôles. Les submersions équatoriales, qui découlent, celles-là, du renflement, n'auraient tenu elles-mêmes qu'au déplacement de l'équateur, lequel correspondrait nécessairement au mouvement polaire. Or, les unes et les autres sont restées en complète corrélation de distances aussi bien que d'époques. Elles ont ainsi d'autant mieux marqué leur commune origine. Pour ce qui est des grands brisements de l'écorce terrestre, la coïncidence de leurs dates avec celles des excès d'excentricité, dans tous les cas où les calculs astronomiques ont permis ces rapprochements, ne serait pas moins explicite. Nous n'avons, au surplus, l'intention de revenir ici sur aucun de ces points, que nous avons développés ailleurs le mieux qu'il nous a été possible. Il nous suffira de reproduire plus loin et en notes ce que nous considérons comme nos justifications. Seulement, nos principes n'ont encore été appliqués qu'à une partie des végétations fossiles. Il nous reste à rechercher si, dans leur ensemble, elles nous conduisent bien aux mêmes accords. Tel est le but de cette nouvelle étude. Les flores sont regardées comme pouvant offrir le plus sûr criterium relativement aux climats sous lesquels elles se sont développées. On jugera jusqu'à quel point ces climats peuvent, dans leur généralité, concorder avec nos étions.

FLORE CARBONIFÈRE.

La flore carbonifère n'est pas la première qui ait pris possession des espaces devenus libres par suite du retrait primitif des eaux. La période dévonienne et même les périodes silurienne et cambrienne avaient déjà eu leurs plantes terrestres. Seulement, ce n'est qu'à l'époque des houilles que la végétation a pris un véritable essor, et son développement a même atteint, dès ce moment, une importance considérable.

Un des caractères de la flore carbonifère est sa grande uniformité. Non seulement les mêmes types, mais souvent les mêmes espèces se retrouvent à de longues distances, aussi bien en latitude qu'en longitude, et l'on en a conclu qu'à cette époque la température du globe aurait été la même de l'équateur aux pôles. Mais quelle a été cette température? C'est la question qu'il faut d'abord examiner.

Les plantes de l'époque carbonifère, la plupart sans similaires parmi celles actuelles, ne nous fournissent point d'indices bien précis sous ce rapport. Indépendamment des fougères et des conifères qui en constituaient les principaux groupes, c'étaient des sigillariées, des calamariées, des lépidodendrées, des lycopodiacées, et l'on ne sait ce qu'étaient exactement leurs aptitudes. Rien de plus positif ne nous est offert par les conifères, puisqu'on rencontre aujourd'hui les végétaux de cette famille tout aussi bien sous les climats chauds que froids et tout aussi bien dans les régions humides que sèches. Quant aux fougères, elles sont à peu près dans le même cas. Des espèces arborescentes existent encore de nos jours, et, si elles sont surtout abondantes sous les tropiques, il s'en trouve également, au sud de l'équateur, jusque sous le 53ᵉ parallèle. Sous le 43ᵉ, dans la terre de Diémen, par une température moyenne qui dépasse à peine 11 degrés centigrades, elles atteignent même un développement très remarquable. D'un autre côté, on a fait observer que la tourbe ne se forme abondamment que sous des latitudes déjà élevées ; que la chaleur hâte la décomposition des feuilles tombées, comme celle des troncs déracinés, aussi bien quand ils sont submergés que quand ils sont exposés à l'air libre, et qu'ainsi la formation de la houille pourrait ne pas se concilier avec une haute température. Il est vrai que la houille a pu se constituer dans d'autres conditions que la tourbe, et les recherches de M. Grand'Eury tendraient à le démontrer ; mais une assez faible température ne lui aurait pas moins été nécessaire. Ce qui paraît hors de doute, c'est que si la végétation houillère a exigé, dans son ensemble, une assez forte proportion d'humidité, il lui a fallu, en même temps, une certaine chaleur. Or, cette chaleur a été évaluée, par les uns, de 20 à 25 degrés centigrades, par les autres, de 25 à 30. La moyenne serait donc de 25 degrés. Nous l'acceptons et nous allons voir comment elle a pu se réaliser.

Au Groënland, au Spitzberg, à l'île des Ours, dans l'archipel Parry, dans la Russie septentrionale, on a recueilli des plantes carbonifères dont les espèces se sont rencontrées beaucoup plus au sud, notamment en Irlande, à Aix-la-Chapelle et dans les Vosges. Il s'agit de la partie la plus inférieure des formations de l'époque, et, plus tard, après le dépôt du calcaire de montagne, si la même expansion végétale ne s'est pas reproduite dans la région arctique, elle s'est manifestée plus bas d'une manière beaucoup plus générale, avec plus de puissance encore, et cela aussi bien dans le Nouveau-Monde que dans l'Ancien. Des dépôts se sont, en outre, constitués, exceptionnellement à la vérité, sur des points qui se trouvent aujourd'hui jusqu'au delà des tropiques. Si les terres polaires ont eu la température indiquée, comment comprendre que les tropiques n'en aient pas eu une sensiblement supérieure, et, si les tropiques ont bien eu cette température, comment concevoir qu'elle se soit étendue presque jusqu'aux pôles ?

Pour expliquer cette apparente égalité de climat, on a eu recours à bien des suppositions. On a dit que la Terre avait dû conserver à sa surface une assez forte partie de la chaleur centrale ; que l'atmosphère, très saturée de vapeurs aqueuses, devait avoir une épaisseur et une densité beaucoup plus considérables que de nos jours, ce qui eût constitué, pour le sol, un abri plus complet contre le refroidissement de l'espace ; enfin, que le soleil, moins contracté, aurait encore occupé, dans le ciel, une large place et qu'il eût pu ainsi réchauffer, dans une plus forte mesure, les abords des pôles et jusqu'aux pôles eux-mêmes.

Que la croûte terrestre ait gardé alors une plus forte part de la chaleur interne, cela ne nous paraît guère contestable. Cette croûte était beaucoup moins épaisse qu'elle ne l'est devenue depuis et le globe avait moins perdu par le rayonnement. La différence, à la surface même, n'aurait pu, toutefois, que rester en rapport avec les moyennes de l'enveloppe atmosphérique qui l'entourait. Relativement à la constitution de cette enveloppe, il y a lieu de croire qu'elle-même devait quelque peu s'écarter de celle actuelle. La lumière, d'après M. Grand-Eury, ne l'aurait pas moins pénétrée, même avec un certain éclat. Elle n'aurait donc pas eu toute l'opacité qui lui a été attribuée, et, dès-lors, elle eût, moins qu'on ne le prétend, exercé, à l'égard du globe, son rôle de préservation. Une chose est venue, d'ailleurs, montrer que si la végétation houillère n'a pu se développer que dans certaines conditions d'hygrométrie, elle aurait plutôt dû ces conditions à des situations particulières qu'à l'atmosphère même. Il s'agit de la découverte des plantes dont les vestiges silicifiés ont été reconnus, par M. Brongniart, dans les galets quartzeux de Grand'Croix, aux environs de Rive-de-Gier. Celles-là se revèlent, en effet, avec des caractères différents, et qu'elles aient ou non appartenu à des lieux élevés ; qu'elles soient ou non plus ou moins immédiatement contemporaines des autres, elles n'en indiquent pas moins que l'atmosphère n'avait déjà plus rien de l'excès d'humidité qui lui a été attribué (1). Il reste la dilatation du soleil.

Il est admis que notre astre central a eu primitivement et même longtemps après que notre globe s'en fut détaché, des dimensions considérables. Ce n'est pas, toutefois, à l'époque carbonifère, pas plus à ses débuts qu'à sa fin, qu'il aurait encore occupé, comme on l'a supposé, tout l'espace délimité par l'orbite de Mercure. Depuis, avec quelle rapidité il se serait contracté! Mais, en acceptant le fait, quelque peu vraisemblable qu'il soit, est-ce que cela aurait suffi pour donner aux pôles un climat égal à celui des tropiques ou même des zônes moyennes? Il nous semble que c'est se hasarder beaucoup que de l'avancer. Une partie de cette chaleur leur serait-elle venue, d'une manière quelconque, du foyer inté-

<hr>

(1) Se reporter à la note K.

rieur ? Il y aurait alors à se demander pourquoi le même phénomène ne se serait pas tout aussi bien produit sur les autres points, et, dans ce cas, l'action solaire ne s'y serait-elle pas, de toute façon, ajoutée ? Il y a aussi, nous ne l'oublions pas, notre atmosphère qui aurait pu ne laisser passer qu'une partie des émanations caloriques de l'astre tout en conservant au sol sa chaleur propre. Mais nous avons vu que, si la lumière était encore quelque peu voilée, elle ne manquait cependant pas d'une certaine intensité. Il devient par là d'autant plus sûr que l'équateur et les tropiques, avec toute la zône qui y confine, à une distance plus ou moins grande, n'ont pu être, alors comme aujourd'hui, que très sensiblement plus chauds que les pôles.

Examinons de plus près ce que peut valoir cette hypothèse d'un soleil dont le disque aurait eu, à l'époque des houilles, un diamètre égal à celui de l'orbite de Mercure. Même avec un pareil soleil, près de cent fois plus large que le nôtre actuel, les régions polaires n'auraient pu en recevoir des rayons assez abondants pour y compenser les déperditions que leur situation devait, forcément et malgré tout, leur faire éprouver. Lors de son solstice d'été, le Spitzberg, par exemple, aurait bien joui des épanchements caloriques et lumineux de toute la masse. Mais le bord inférieur de l'astre n'aurait pas dépassé, au méridien, la hauteur de 12 degrés. Avec le solstice d'hiver, la situation eût été telle que c'est le bord supérieur qui, cette fois, ne se serait pas montré au-dessus du même degré. Ce n'est assurément pas dans de telles conditions d'obliquité, surtout avec une certaine densité de l'atmosphère, que l'action solaire, eût pu être très considérable. Il ne faut surtout pas perdre de vue que, malgré l'étendue de l'astre, de longues heures, même au Spitzberg, se seraient écoulées, l'hiver, complétement en dehors de sa présence et que, en admettant que les plantes y eussent eu assez de chaleur, elles n'y auraient vraisemblablement pas eu toute la lumière voulue. De toute façon, ni la lumière ni la chaleur n'auraient été distribuées là comme elles l'étaient sous des latitudes plus basses et l'on ne voit réellement pas comment les mêmes végétations auraient pu s'accommoder de milieux aussi différents.

Au lieu d'être inclinée sur son orbite comme elle l'est à notre époque, la terre aurait-elle eu son axe de rotation redressé et perpendiculaire au plan de cet orbite? Mais les mêmes impossibilités se seraient tout aussi bien présentées. Toujours échauffées dans la même mesure, les régions équatoriales et moyennes auraient forcément possédé, dans ce cas encore, un climat qui n'aurait en rien ressemblé à celui des alentours des pôles. Sans doute, le soleil se serait aussi montré chaque jour, pendant une même durée de temps, sur ces derniers points; mais avec quelle infériorité de rayons! Pour le Spitzberg, le centre du disque solaire n'aurait pas dépassé 12 degrés au-dessus de l'horizon et la partie inférieure de l'astre ne s'y serait même, cette fois, jamais montrée. Non-seulement, on ne saurait comprendre que les pôles, dans de pareilles conditions, aient pu recevoir une chaleur égale à celle qu'auraient possédée les latitudes plus rapprochées de l'équateur; mais le peu de chaleur reçue ne s'y serait-il pas perdu dans l'espace tout aussi complétement qu'avec l'inclinaison de l'axe? Que sont aujourd'hui, pour les régions circompolaires, les équinoxes, non pas ceux du printemps qui succèdent à l'hiver, mais ceux de l'automne qui viennent à la suite de la saison estivale? Les refroidissements nocturnes ne l'emportent-ils pas de beaucoup sur les échauffements du jour?

On a dit de l'immense soleil dont nous nous occupons que sa condensation, fort incomplète, n'en aurait encore fait qu'une sorte d'amas nébuleux et qu'il ne s'en serait dégagé qu'une chaleur n'ayant rien d'excessif pour les parties de notre globe les plus exposées à son action, bien que l'influence bienfaisante s'en fût étendue jusqu'aux plus hautes latitudes. Le noyau solaire n'aurait certainement pas eu encore le volume qu'il a acquis depuis ; mais il est bien permis de penser, même en se basant sur les théories de M. Faye, qu'il aurait déjà et depuis longtemps existé. Si son pouvoir calorique avait encore été assez faible pour que la zône centrale n'eût pas trop à souffrir de ses ardeurs, les pôles, à leur tour, n'en auraient-ils pas été moins échauffés? La chaleur nous serait-elle venue principalement de la masse gazeuse? Nous ferons simplement observer que cette masse se serait trouvée plus rapprochée de nous, par ses bords, d'une distance égale à 14,000,000 de lieues et que ce rapprochement, s'il avait été lui-même favorable aux pôles, n'aurait pu l'être que beaucoup moins aux régions équatoriales. Enfin, ne reste-t-il pas toujours la certitude, révélée par les plantes, d'une lumière qui déjà n'avait plus rien de vague ni de diffus? Que dire d'ailleurs des végétations qui se sont renouvelées autour de notre pôle jusqu'à la fin du miocène et probablement même, comme nous aurons à le montrer, jusqu'au milieu des temps quaternaires? Il faudrait donc que le soleil se fût maintenu jusque là en quelque sorte dans son état primitif.

Au sujet de la lumière dont les plantes auraient eu

besoin et que le soleil, malgré son volume, n'aurait pu
leur dispenser directement dans les régions polaires, on
fait observer que l'insuffisance en aurait été compensée
par les longs crépuscules qui devaient y régner. Les
crépuscules ne sont qu'un effet de la réflexion des rayons
solaires par les couches atmosphériques encore éclairées
après que l'astre a disparu derrière l'horizon, et ceux de
l'époque houillère auraient eu d'autant plus de durée
que ces couches, plus épaisses, se seraient élevées à une
plus grande hauteur. Cela n'est pas douteux. Mais la
lumière ainsi réfléchie n'ayant rien d'éclatant et les
couches atmosphériques n'ayant elles-mêmes qu'une
médiocre limpidité, les crépuscules n'auraient-ils pas été
très sensiblement différents de ceux dont nous jouissons
aujourd'hui, et alors quel profit la végétation aurait-elle
bien pu en tirer ?

Contester l'action calorique du soleil dans ce qu'elle
aurait eu d'inexplicable, n'est pas la nier dans ce qu'elle
aurait possédé de plausible. Pour nous aussi, à l'époque
carbonifère, le soleil aurait encore eu des dimensions
supérieures à celles qu'il a actuellement, et c'est justement
ce qui nous porte à croire que, plus excitée, son énergie se
serait dépensée dans une bien plus large mesure ; mais il
n'en a pas moins été absolument insuffisant pour déterminer les situations qui se sont produites. C'est donc
ailleurs que là où on avait cru l'entrevoir qu'il faut
chercher la solution désirée. Or, les glissements polaires,
avec la précession et l'excentricité, y conduisent
naturellement et pleinement. La flore carbonifère,
et nous n'avons, en ce moment, à nous occuper
que de celle-là, ne peut avoir appartenu qu'à une
zône intermédiaire. La chaleur relativement modérée
du climat qu'elle dénote et l'humidité dont elle a eu

besoin, en très grande partie, pour se développer comme elle l'a fait, ne laissent guère de doute à cet égard. Avec les déplacements de la croûte terrestre, les terres aujourd'hui dans le voisinage des pôles seraient descendues assez bas pour être affranchies des températures qui y régnaient déjà, et celles qui touchent aujourd'hui aux tropiques seraient remontées assez haut pour y trouver elles-mêmes les conditions dans lesquelles la végétation devait se produire. Toute l'explication nous paraît là. Il est certain que si le froid et les nuits des pôles ne devaient pas permettre aux plantes houillères d'exister dans leur voisinage, la chaleur ne devait pas davantage les favoriser vers l'équateur.

Précisons la situation en latitude que celles des terres polaires qui ont des houilles, auraient pu avoir, avec nos glissements, à l'époque carbonifère.

Nous avons dit que, dans ces temps primitifs, le cercle des parcours polaires aurait pu s'étendre jusqu'au diamètre de 45 degrés. A l'époque carbonifère il en eût peut-être encore atteint 42. Sur cette base, la partie du Spitzberg, qui est aujourd'hui sous le 78ᵉ parallèle, serait arrivée sous le 49°. L'île des Ours, près du 75°, serait allée jusqu'au 46ᵉ. La terre de Banks, que traverse le 74ᵉ, serait descendue jusqu'au 54ᵉ. L'île du Prince-Patrick, sous le 77ᵉ, aurait occupé le 55ᵉ. Relativement à l'île de Disko, bien qu'actuellement sous le 70ᵉ, elle n'aurait guère dépassé le 61ᵉ, de même que celle de Bathurst, que coupe le 72ᵉ. Même sans le secours de la précession, les premiers de ces points seraient donc largement parvenus au climat qu'accusent leurs anciennes flores, et il eût suffi d'un moyen effet d'excentricité pour que les îles de Disko et de Bathurst y arrivassent elles-mêmes. Le fait se serait d'autant plus facilement produit que toute la région équatoriale étant restée plus chaude que de nos jours, la température devait également, avec l'aide des courants marins et atmosphériques, se maintenir à un niveau sensiblement plus élevé jusque beaucoup plus haut en latitude. Peut-être même les congélations n'étaient-elles encore que très circonscrites autour des pôles. Les décroissances climatériques n'en auraient été que moins prononcées (1).

Si la flore carbonifère, et, au point de vue de la température, nous n'en séparons pas celle des galets quartzeux de Grand'-Croix, est la seule qui ait appartenu à l'époque des houilles ; si elle n'a existé que dans les zônes alors intermédiaires, ni les régions polaires, ni l'équateur n'auraient donc eu, à la dite époque, aucune végétation quelconque, ou du moins cette végétation aurait été telle qu'il n'en serait absolument rien resté. Ce qui porte à le penser, c'est tout aussi bien l'uniformité même de ses associations que l'absence complète de traces se rattachant à des types révélant des affinités climatériques réellement différentes. Nous l'avons déjà fait observer, l'équateur devait encore être trop chaud et, bien que moins glacés qu'aujourd'hui, les pôles devaient déjà être trop froids. Or, ce n'est que très longtemps après que les contrées les moins favorisées se sont peuplées des plantes qui leur sont propres, et il a fallu, pour cela, à la nature, de longs efforts dont les résultats ne se sont guère manifestés que dans le cours de la période crétacée. Mais n'anticipons pas. D'autres particularités sont à noter, et nous devons nous y arrêter.

1 Voir, note G, les *températures du globe à l'époque carbonifère.*

La situation que nous avons aujourd'hui relativement au pôle, est analogue à celle qui a dû exister pendant que se formaient les dépôts carbonifères dans la partie du globe à laquelle nous appartenons. Nous sommes dans la moyenne de nos abaissements vers l'équateur, à un simple degré près, et c'est du 50° au 58° parallèle que se trouvent nos principaux bassins houillers. Mais si la croûte terrestre se déplace réellement, ce ne saurait être aux mêmes distances en latitude que doivent se rencontrer ceux de l'Asie et de l'Amérique septentrionale. L'Asie étant maintenant à son point le plus rapproché du pôle, c'est plus haut encore que les siens doivent exister, et c'est beaucoup plus bas que l'on doit trouver ceux de l'Amérique, puisque cette région en est, elle, à son point le plus éloigné. On ne sait encore au juste ce que possède l'Asie en gisements de cette sorte. Ceux de la partie de la Russie qui y confine au Nord, sont du moins connus et l'on n'ignore pas qu'ils s'étendent, le long de l'Oural, jusqu'aux rivages de la mer Glaciale. Nous avons donc là une première confirmation. Les Etats-Unis nous en fournissent une autre qui est plus particulièrement significative, puisque, de ce côté, c'est même en-dessous du 40° parallèle que sont les plus riches et les plus vastes dépôts. Pour être exacte, la différence entre les Etats-Unis et nous devrait peu s'écarter de 16 degrés. De moins de 40 à 54, notre moyenne, il y en a plus de 14. Nous la retrouvons, on le voit, avec une assez complète précision.

Quand nous disons que les gisements houillers de l'Asie restent en grande partie ignorés, nous n'entendons nullement passer sous silence ceux du Tong-King qui ont été explorés dans ces derniers temps. Seulement, ils sont loin d'appartenir à l'époque carbonifère et ce n'est que dans un des chapitres suivants que nous aurons à nous en occuper. Eux-mêmes, on le verra, n'ont rien qui nous soit défavorable. Il y a aussi les quelques dépôts signalés en Chine, à l'ouest de Pékin, et ceux de l'Inde, plus exceptionnels encore. Mais ces derniers n'appartiennent pas plus que ceux du Tong-King à la période houillère et, en Chine, seuls, ceux des bassins du Shansi et du Hunan y ont été rattachés. La formation de ceux-là, situés aujourd'hui vers le 40ᵉ parallèle, mais qui aurait pu se produire alors que la région se trouvait même au-delà du 46ᵉ, se justifierait, de toute façon, par l'action précessionnelle.

Madagascar, dans l'autre hémisphère, serait-il invoqué comme une objection à notre principe que la végétation houillère n'a eu d'expansion que dans les zônes moyennes et plutôt du côté du pôle que du côté de l'équateur ? Cette île, dont la partie centrale occupe le 20ᵉ parallèle, possède aussi, en effet, des dépôts houillers de l'époque carbonifère ; mais loin d'atteindre notre théorie, ces formations, comme celles du Tong-King, viennent, au contraire, la fortifier. Il en est de même du dépôt houiller de Tête, dans le bassin du Zambéze qui dépend du continent africain, mais qui n'est séparé de Madagascar que par le canal de Mozambique. Les glissements, qui nous déplacent par rapport au pôle boréal, déplacent forcément ces points dans la même mesure par rapport au pôle austral, et, à l'époque des houilles, Madagascar aurait pu se rapprocher de ce dernier pôle jusqu'à la distance de 44 degrés. L'île aurait donc occupé le 46ᵉ parallèle, exactement comme les bassins du Hunan et du Shansi, en Chine. Elle eût pu dès lors tout aussi bien avoir leur végétation. La Nouvelle-Galle du Sud a même eu des plantes dévoniennes. Mais son rapprochement polaire, attesté même par des traces glaciaires, aurait pu aller alors jusqu'au delà du 61° degré. Il y a, en définitive, cette conclusion à tirer de nos rapprochements, c'est que les chaleurs équatoriales auraient bien, en fait, été plus nuisibles que les froids polaires aux végétations qui nous ont laissé la houille, ce qui signifierait bien aussi que les derniers devaient être encore assez faibles comparativement aux autres.

On peut se faire une idée de ce qu'aurait été, dans les temps carbonifères, la moyenne des températures à l'équateur et aux pôles. Cette moyenne étant des 25 degrés admis sous le 54° parallèle, hauteur à laquelle ont dû, d'après leur situation actuelle, se constituer nos principaux dépôts houillers, on arrive, pour l'équateur, à 47 degrés et on ne descend même pas, pour les pôles, au-dessous de 5. Nous ne prenons ici, il est vrai, pour base de nos supputations, que les proportions de croissance et de décroissance thermiques constatées de nos jours, et celles de l'époque carbonifère ont dû s'en écarter. De toute façon, les différences n'auraient vraisemblablement pas été très-considérables. Peut-être n'auraient-elles pas dépassé 7 degrés, ce qui nous ramènerait, pour l'équateur, au chiffre de 40, et nous conduirait, pour les pôles, à — 2. On n'en voit pas moins, par là, l'impossibilité, pour les végétaux auxquels nous devons la houille, de s'implanter et de se développer dans de pareilles conditions, aussi bien d'un côté que de l'autre (1).

Les dépôts du calcaire carbonifère sont un témoignage de la propagation de la vie au fond des mers de l'époque, et l'on fait ressortir que ces dépôts, comme ceux dus aux

1: Se reporter au tableau de la note G.

végétations, se rencontrent aujourd'hui sous les latitudes les plus diverses. Il en aurait été des organismes auxquels ils sont dus comme des plantes qui ont constitué la houille. Ils n'auraient, en réalité, existé que là où, par suite de nos glissements, la température des mers, leur aurait permis de naître et de pulluler. Ne sait-on pas, au surplus, que les températures de la mer varient selon les profondeurs et que le calcaire carbonifère, qui se retrouve souvent en couches d'une très grande puissance, aurait pu se former à une profondeur pour le moins équivalente ?

Les concordances que nous venons de montrer entre nos actions et les situations survenues ne sont pas les seules que nous ayons à mettre en lumière. Les mêmes rapports se rencontrent dans d'autres sens encore.

Les mers, nous l'avons dit, subissent des déplacements qui sont la conséquence de ceux des centres qu'elles occupent. Les premiers dépôts carbonifères sont recouverts, dans les régions septentrionales, par les masses, souvent considérables, du calcaire de montagne, qui est exclusivement marin. L'immersion qui a donné lieu à cette formation, aurait probablement coïncidé avec un rapprochement polaire. Il s'ensuivrait que l'étage ursien, pour nous servir de la désignation qui lui a été donnée par M. Heer, et l'étage houiller, proprement dit, se rattacheraient à des époques différentes, séparées qu'elles auraient été par une période du même ordre que notre époque quaternaire. La réapparition des mêmes plantes, après ce long intervalle, n'aurait d'ailleurs rien de plus surprenant que celle des végétaux du pliocène qui se retrouvent aujourd'hui chez nous après en avoir été plus ou moins complètement éloignés. Il y a aussi la multiplicité et l'intercalation des lits de houille entre

des couches, quelquefois à demi-marines sans doute,
mais beaucoup plus souvent d'origine lacustre. En cela
se retrouvent les effets de la précession. Aux phases de
réchauffement ou simplement moyennes, selon les cas
et selon les lieux, correspondraient les expansions végétales ; aux phases de refroidissement, les dépôts intermédiaires. Les phases de refroidissement auraient surtout
été caractérisées par des pluies, que révèle assez bien la
nature même des sédiments, et c'est à l'abondance et à
la stagnation des eaux, à leurs entraînements naturels
qu'il y aurait à les attribuer.

La raison des alternances dont il s'agit a été cherchée
dans des affaissements et des relèvements réitérés du
sol. Il nous semble aussi difficile d'admettre de pareils
effets, si souvent et si identiquement répétés, que ceux
d'une autre nature que nous venons d'avoir à discuter,
tandis que la précession les explique d'une manière
tout-à-fait rationnelle. Des affaissements ont eu lieu sur
la plupart des points, c'est incontestable ; l'épaisseur de
l'ensemble des couches, le démontre tout aussi bien que
les irruptions marines. Mais ils auraient été continus et
très lents, corrélatifs peut-être d'un mouvement analogue des mers, et ce serait un autre témoignage en
faveur de nos glissements. Il n'y a pas jusqu'à la durée
de l'époque, nécessairement très longue, qui ne se
retrouve dans la reproduction des lits houillers. Chacun
de ces lits représenterait, avec un des lits immédiatement voisins, inférieurs ou supérieurs, une des révolutions de la précession. Dans le nord de l'Angleterre,
les couches d'origine végétale atteignent jusqu'au
nombre de trente. On arrive par là, pour la partie de la
révolution polaire à laquelle elles se rattacheraient, à
un total de plus de 600.000 ans. C'est certainement un

chiffre qui n'a rien d'inacceptable. Enfin, les couches de houille sont très variables d'épaisseur, et nous rappellerons que les phases précessionnelles varieraient elles-mêmes d'intensité, selon le degré d'exentricité de notre orbite.

Il n'y a pas à compter qu'avec les dépôts houillers du nord de l'Angleterre pour le nombre des couches végétales dont ils sont composés. Le bassin de la Ruhr, en Westphalie, en possède 62 d'exploitables, plus d'autres trop minces pour pouvoir être utilisés. Le bassin des Asturies en compte davantage encore, puisque, dans une seule concession, on en a trouvé jusqu'à 83. Ces chiffres restent toutefois fort loin de ceux offerts par le bassin du Donetz, dans la partie méridionale de la Russie. Là, en effet, les lits houillers atteignent jusqu'au total de 225. Ces formations, pour nous, ne se rattacheraient plus à une seule et même époque, mais à plusieurs, et une partie des lits intermédiaires, notamment ceux constitués par des poudingues, suffiraient pour le démontrer. Des témoignages pourraient aussi en être trouvés même au point de vue paléontologique, et le bassin du Donetz, entre autres, semblerait les fournir. Selon les uns ce bassin correspondrait au calcaire carbonifère alors que d'autres le considèrent comme étant de la période houillère proprement dite. Peut-être les lits inférieurs se rattacheraient-ils à l'époque ursienne et les derniers se seraient-ils seulement constitués lors du permien. Déjà, du reste, en ce qui concerne le bassin des Asturies, il y a certitude, ainsi que l'a reconnu M. Zeiller, que la flore du Kulm s'y rencontre tout aussi bien que celle du houiller moyen et du houiller supérieur. Les points douteux pourront, en tout cas, être élucidés et l'étude attentive et comparée des couches d'intercalation pourra, à défaut d'autres indices, jeter sur la question une suffisante lumière. Quoi qu'il en soit, les gisements dont il s'agit, sont de ceux qui, par leur situation, ont pu se former pendant les plus longues durées de temps dans le cours de chaque époque, en ce sens qu'occupant, en latitude, des moyennes plus abaissées que celles de nos autres régions, les lieux auraient été moins atteints par les rapprochements polaires sans l'être trop par les rapprochements équatoriaux.

A Commentry, selon M. Fayol, les couches de houille se seraient formées de plantes n'ayant pas vécu sur place, mais que les eaux y auraient apportées comme les autres sédiments. S'il en avait bien été ainsi, le même fait aurait pu se produire ailleurs, en s'y ajoutant à l'action précessionnelle. Nous aurions en cela un complément d'explications relativement à l'extrême multiplicité des lits d'intercalation, là où les autres justifications devraient être regardées comme insuffisantes.

Une des particularités de la végétation houillère, qui ne doit pas être omise, c'est que, en quelque contrée qu'on retrouve les plantes de cette époque, on les rencontre toujours, non pas seulement avec le cachet d'uniformité qui a été signalé, mais encore avec des caractères qui attestent qu'elles n'étaient soumises à aucune influence de saisons véritablement contraires. La précession, combinée avec les autres actions climatériques, en fournit l'explication. Mais que penser de l'absence de saisons, au Spitzberg, dans les conditions que nous avons vues, même avec le soleil qu'on sait? Dans un sens, des étés sans nuits; dans l'autre, des hivers non privés de jours, c'est vrai, mais avec des jours tout au moins fort réduits. Qu'on veuille bien surtout ne pas oublier que le segment solaire qui se serait montré, l'hiver, au Spitzberg, n'aurait pas dépassé la hauteur angulaire de 12 degrés au méridien, restant ainsi 6 degrés plus bas que notre soleil de décembre et que ce segment, éloigné du foyer central et ne pouvant transmettre qu'indirectement la chaleur qu'il en aurait reçue, ne se serait composé que d'une nébulosité. Est-ce bien dans de pareilles conditions qu'il aurait pu ne laisser place à aucun mouvemement de saisons ? L'alternance des lits de houille avec les dépôts intercalés, n'est-elle pas là, de son côté, pour démontrer qu'il n'y a pas eu alors, dans la presque généralité des cas, que des saisons, mais qu'il y a eu aussi d'autres et plus importantes oscillations dans le régime climatérique, et que le caractère de la flore houillère ne saurait, en quoi que ce soit, pas plus que son uniformité, faire croire à une permanence générale quelconque des mêmes températures.

Si les justifications essentielles manquent aux théories que nous combattons, rien, on le reconnaîtra, n'est en opposition avec les nôtres dans l'ensemble des phénomènes qui appartiennent à l'époque carbonifère. L'humidité sous l'influence de laquelle la végétation houillère est arrivée à un si haut degré d'exubérance, aurait tenu, en partie, aux milieux occupés, estuaires, vallées ou plaines plus ou moins basses et marécageuses. Elle serait due aussi à cette autre circonstance qu'au temps des houilles, les terres émergées étaient encore peu nombreuses et n'auraient encore eu, non plus, à de rares exceptions près, que de faibles étendues. De pareilles conditions, indépendantes de la constitution même de l'atmosphère, ne pouvaient être qu'éminemment favorables au développement des plantes, et les variations des saisons l'auraient d'autant moins entravé que leurs extrèmes se seraient trouvés plus rapprochés. Mais la formation de la houille, envisagée comme l'a fait M. Grand'Eury, nous fournit elle-même des considérations qui ne doivent pas être négligées.

Selon le savant ingénieur et ainsi que nous avons déjà eu à le relater, la houillification, pour nous servir de son expression, n'aurait pu se produire qu'à une faible température. L'élévation climatérique qui a été supposée, avec son uniformité de l'équateur aux pôles, n'est certainement pas de nature à laisser entrevoir cet abaissement, qui découle, au contraire, tout naturellement des revirements précessionnels. Avec les phases de refroidissement, contemporaines des lits d'intercalation, les débris végétaux, accumulés en couches d'humus plus ou moins épaisses, après avoir passé par des transitions diverses, auraient commencé leur transformation en houille, et le métamorphisme se serait achevé, dans la suite des temps, à l'intérieur du sol. Or, pour l'accomplissement de cette dernière action, une température plus élevée que celle que possède aujourd'hui la surface terrestre, serait redevenue nécessaire, et cette condition nous ramène à la confirmation de ce que nous avons admis de la chaleur propre du globe, qui, à l'époque des houilles, aurait encore été supérieure à ce qu'elle est de nos jours. Relativement à la température de la végétation même, sa moyenne, que nous avons adoptée à 25 degrés centigrades, aurait pu se constituer du maximum de 30 degrés, qui a été indiqué, et d'un minimum se rapprochant de 20. Le mouvement précessionnel a dû forcément amener des oscillations de cette sorte, et l'on peut se rendre d'autant mieux compte par là de l'ensemble de la flore, avec ce qu'elle laisse soupçonner de ses diversités.

Nous ne sommes ici qu'à notre première étape, et, quelque probantes qu'elles soient, les justifications que nous venons d'émettre pourraient ne paraitre, ni assez positives, ni assez complètes. D'autres recherches nous attendent. On verra nos concordances se multiplier et se préciser à mesure que nous nous rapprocherons des temps modernes et que les situations envisagées se présenteront avec des caractères plus distincts et plus nets.

FLORE JURASSIQUE.

Bien que très constante sous le rapport de ses associations, la flore des houilles n'a cependant pas été identique pendant toute sa durée. Certains types de l'étage inférieur avaient disparu depuis longtemps quand se sont déposées les couches les plus élevées. D'autres, au contraire, s'étaient montrés dans le cours même de la période. Mais les caractères de la végétation, dans leur ensemble, ne s'étaient réellement pas modifiés, et si les découvertes de Grand'Croix sont venues révéler l'existence de types se détachant des autres, elles ne leur en ont pas moins laissé cette homogénéité qui s'est retrouvée partout, sauf sur ce seul point. Avec l'âge permien a commencé la décadence de la flore carbonifère. Le Trias en possède bien encore quelques restes ; mais alors se propagent des formes nouvelles qui, en constituant d'autres assemblages, se substituent à celles dont la fin était arrivée.

La végétation permienne n'a rien de particulier à

nous offrir, au point de vue spécial où nous nous sommes placé. Il en est de même de la flore triasique. Nous ferons seulement observer, à l'égard de cette dernière, que si elle annonce des changements dans les milieux, généralement moins humides, elle n'indique pourtant pas que la température sous laquelle elle s'est développée, se fût déjà beaucoup affaiblie. Nous ajouterons qu'aucune trace du permien ne s'est jusqu'ici retrouvée dans les régions arctiques, et que les Etats-Unis doivent au Trias, deux de leurs bassins houillers, celui de Richmond, dans la Virginie, et celui de Chatam, dans la Caroline du Nord. Ces bassins sont situés sous une latitude même inférieure à celle des gisements des Apalaches et de la Nouvelle-Ecosse, leurs aînés. Ils montrent ainsi, à nouveau, les corrélations de distances polaires que nous avons déjà eu à faire ressortir.

La flore jurassique, à laquelle nous arrivons, marque un pas considérable dans la marche de la végétation. Avec elle se prononce une ère de complète rénovation et avec elle aussi nous allons retrouver plus particulièrement quelques-uns des signes que nous cherchons.

Aux Cryptogames ont succédé les Gymnospermes dont les prototypes avaient fait cependant leur apparition dès la période carbonifère et que les restes silicifiés de Grand'Croix sont venus nous révéler. C'est le règne des Cycadées qui commence, et, cette fois encore, des associations de même nature se retrouvent aussi bien dans le voisinage du pôle que beaucoup plus bas. Des vestiges en existent en France, en Suède, en Angleterre, dans les Alpes vénitiennes. On en a également découvert en Amérique, en Australie, et jusque dans les Indes, malgré leur situation qui n'a pu rester que tropicale.

Nous avons dit que les plantes du Trias n'annoncent

pas que la température se fût déjà très sensiblement abaissée comparativement à la période houillère. La décroissance se trouve plus accusée par la végétation jurassique. D'après les zônes actuellement occupées par les espèces similaires, la moyenne n'en a plus été évaluée que de 20 à 22 degrés centigrades. Mais il y a à considérer que si les cycadées ont prospéré aussi haut en latitude que leurs devancières, elles se sont en outre réellement répandues plus bas, ce qui dénoterait, non-seulement que les lieux où elles ont été retrouvées, n'arrivaient plus aux mêmes températures qu'auparavant, mais que leurs aptitudes s'étaient elles-mêmes plus différenciées que ne l'avaient été celles des plantes carbonifères. L'isotherme le plus chaud, à l'époque des houilles, ayant pu atteindre 40 degrés, celui de la nouvelle période n'aurait vraisemblablement plus dépassé le 35ᵉ, et, dès ce moment, la moyenne, pour les pôles, serait peut-être descendue à—10 ou 12.

Si l'atmosphère avait été saturée d'une forte proportion d'eau à l'époque de la végétation houillère, il n'en aurait évidemment pas été ainsi de celle sous l'influence de laquelle s'est développée la flore jurassique. Les formes que cette dernière a revêtues, s'y opposent absolument. Elles ont eu, d'après M. de Saporta, quelque chose de sec, de maigre, de coriace, qui annonce, en effet, des conditions tout-à-fait autres. Que devient, ici surtout, le manteau de vapeurs aqueuses dont le globe aurait été revêtu et qui lui aurait conservé une si grande partie de sa chaleur première? Et cependant si le voile bienfaisant n'existait plus, la végétation n'en aurait pas moins continué à prospérer jusque vers les pôles, tout en s'étendant jusqu'au delà des tropiques. N'y a-t-il pas là une nouvelle preuve que la cause invoquée, si elle a pu être pour quelque chose dans les expansions végétales primitives, n'y est intervenue que d'une façon tout-à-fait secondaire? C'est donc bien décidément, et sans aller plus loin, un des principaux arguments des partisans de l'immuabilité des latitudes qui leur échappe et disparait.

Le Spitzberg est le point sur lequel, aux approches de notre pôle, les végétaux de la période jurassique ont été recueillis le plus abondamment et c'est le cap Boheman qui les a offerts. Déjà alors le cercle de nos déplacements polaires devait s'être notablement rétréci, et, au lieu des 42 degrés que nous lui avons donnés comme diamètre à l'époque carbonifère, peut-être n'en comptait-il plus que 35 ou 36. Même dans ces limites, le cap Boheman aurait encore pu très largement, avec le concours de la précession, avoir la température accusée par sa végétation, puisqu'il serait descendu jusqu'au 52ᵉ parallèle, position qui aurait été plus que celle sous laquelle s'étaient constituées nos principales formations houillères. Mais c'est la végétation de l'Asie méridionale qui doit plus particulièrement fixer notre attention.

Les lieux où la flore jurassique y a laissé des restes sont très disséminés, et la Chine en a sa part ainsi que l'Hindoustan. Mais ces restes, qui ont aussi formé des amas houillers, sont surtout importants au Tong-King, le long de la côte qui borde son golfe, et c'est ici que se place ce que nous avons à en dire.

Le Tong-King s'étend jusqu'au 20ᵉ parallèle. Or, en se maintenant dans les seules limites de nos déplacements, cette région qui, de même que toute la partie de l'Asie placée sous les mêmes méridiens, se serait trouvée, alors comme aujourd'hui, à son maximum de rapprochement polaire, ne se serait pas éloignée de l'équateur au-delà de 23 degrés. Il semblerait donc, à première vue, assez difficile, sinon impossible, qu'à l'époque où se sont constitués les dépôts en question, il ait pu déjà y régner une moyenne de température ne dépassant pas 22 degrés centigrades.

D'abord, la température de l'Indo-Chine n'aurait-elle bien été, à ce moment, que de 22 degrés en moyenne ? Sans doute des types du genre de ceux que les zônes septentrionales ont alors possédés, s'y sont répandus. Mais ils étaient plus ou moins immédiatement associés à d'autres formes et celles-là pourraient nous conduire à un climat sensiblement plus chaud. Celui indiqué peut toutefois être pleinement retrouvé, même au Tong-King.

Les causes des déviations que nous avons admises relativement aux déplacements de la croûte terrestre, auraient pu s'exercer alors et imprimer aux glissements polaires une direction plus ou moins différente de celle qui serait la normale. Dans ce cas, quelques degrés auraient pu s'ajouter au relèvement, et si nous en portons le nombre à 3, ce qui, on en conviendra, n'a rien d'excessif, nous arrivons, relativement à l'équateur, à une distance totale de 26 degrés. N'avons-nous pas, de plus, à faire intervenir la précession, et, avec une excentricité un peu forte, non pas même avec le maximum auquel nous pourrions cependant recourir, c'est, pour le moins, jusqu'au 38ᵉ parallèle que se trouve reportée la valeur thermique de la région à l'époque envisagée. Mais le 38ᵉ parallèle nous aurait-il bien offert le niveau climatérique qu'il nous faut ?

Avec la moyenne thermique de 25 degrés centigrades sous le 54ᵉ parallèle, à l'époque des houilles, et le maximum de 40 degrés à l'équateur, on a 0,28 pour proportion de croissance et de décroissance par degré de latitude. Cette proportion, si nous la maintenions pour la période jurassique, avec son maximum climaterique abaissé à 35 degrés, nous conduirait jusqu'au 46° parallèle pour y retrouver la température de la végétation de cet âge, et nous n'aurions assurément pas là ce que nous cherchons. Mais, par suite du refroidissement général et progressif du globe, la proportion dont il s'agit, n'avait pu que s'accroître et rien ne s'oppose à ce qu'on la considère comme s'étant élevée, dès ce moment, à 0,37. Avec ce terme, ce n'est plus sous le 46° parallèle que se serait manifestée la température voulue, mais bien sous le 35°. C'est donc même 3 degrés plus bas que ce que les plantes du Tong-King auraient exigé. L'équivalent ainsi atteint pour le Tong-King se serait-il du moins retrouvé aussi complétement pour le Spitzberg? Le maximum de l'excentricité eût, il est vrai, été nécessaire de cet autre côté ; mais avec son concours, c'est même jusqu'à la température du 34° parallèle qu'il aurait pu arriver. Rien ne prouve d'ailleurs que la moyenne thermique eût dépassé là 20 degrés. et alors c'est dès le 40° degré de latitude qu'il l'eût rencontrée. Pour en revenir au Tong-King, avec le maximum de l'excentricité, il eût pu, lui, descendre jusqu'à une moyenne qui eût été celle du 44° parallèle. Rien, dans ce cas, ne lui aurait manqué des conditions nécessaires, même à la formation de la houille (1).

Il va de soi que la végétation du Spitzberg et celle de l'Indo-Chine, bien que contemporaines d'époque, ne se rattacheraient pas et ne pourraient se rattacher à la

____

(1) Se reporter au tableau de la note G. Aujourd'hui sous le 35° parallèle. dans la direction des méridiens du Tong-King. on arrive à peine. même avec l'action précessionnelle. au-dessus de la moyenne thermométrique de 15 degrés centigrades.

même situation polaire. Lorsque le Spitzberg jouissait de la sienne, l'Indo-Chine se serait trouvée sous l'équateur, et quand cette région a vu se multiplier ses plantes, le Spitzberg, dans une situation analogue à celle d'aujourd'hui, aurait occupé le voisinage même du pôle. On a compris aussi que l'action de la précession se serait exercée au Tong-King dans un autre sens que relativement à celles des régions polaires pour lesquelles nous avons eu à y recourir. Pour le Tong-King, nous ne faisons appel qu'à ses effets de refroidissement, alors que, pour les régions opposées, nous ne nous sommes adressé qu'à ses effets de réchauffement, effets qui se succèdent toujours, du reste, dans la même mesure, pendant la durée de chaque révolution précessionnelle, quand l'excentricité n'a pas sensiblement varié. Enfin, nous ferons observer que, comme celle appliquée à la végétation carbonifère, la moyenne climatérique établie d'après l'aptitude des plantes jurassiques ne doit s'entendre que de celle de la période même, y compris les oscillations précessionnelles, et rien n'empêche d'admettre que les extrêmes aient atteint 28 ou 30 degrés dans un sens pour descendre à 14 ou 15 dans l'autre.

Quelques-unes des espèces recueillies au Tong-King avaient particulièrement été retrouvées en Suède. Inutile de faire observer que la Suède a pu, plus aisément encore que le Spitzberg, arriver aux moyennes de température de l'Indo-Chine. A l'époque où le Spitzberg avait ses plus fortes moyennes climatériques, la Scanie, abaissée jusque vers le 41ᵉ parallèle, aurait pu avoir jusqu'à celles du 23ᵉ. C'eût été, on le voit, beaucoup plus que suffisant.

Nous avons rangé dans le jurassique, sans distinction, la végétation du Tong-King. Il ne nous échappe pas que

M. Zeiller l'a rapportée au rhétien, c'est-à-dire à une date
même antérieure au lias. A notre sens aussi, elle ne pourrait
réellement être rattachée tout au plus qu'au début de la
période en question, car les influences qui ont déterminé,
en Europe, l'expansion des plantes qui ont existé au
Tong-King, ont dû, avec nos actions, s'exercer plus tôt
dans cette autre partie du monde que chez nous. Le
Spitzberg, particulièrement, n'aurait joui de sa flore que
lorsque l'Indo-Chine avait dû déjà voir s'éteindre la
sienne. Mais combien de ces rapports qui ne sont que
relatifs ! Quoi qu'il en soit, privé jusque là de végétation
par suite de sa position équatoriale, le Tong-King voyait
enfin ses premières plantes se développer, et si la Chine
et l'Hindoustan ont été plus tôt dotés des leurs, ce ne
serait que parce que ces régions, bien que voisines, ont
pu, en raison de leurs latitudes, arriver avant à des
conditions climatériques qui en ont permis la propagation. Une considération qui montrerait bien que la
végétation du Tong-King ne saurait être rattachée qu'à
une période de rapprochement polaire et que cette
période n'a pu être longue, c'est le petit nombre de lits
houillers dont se compose le gisement, qui ne correspondrait ainsi et n'aurait pu correspondre qu'à un
nombre également restreint de révolutions précessionnelles, ce qui ne s'est pas produit là où les conditions
nécessaires ont pu se prolonger beaucoup plus longtemps.

On nous a fait un reproche de recourir à la précession,
quand, à l'aide de nos seuls glissements en latitude,
nous n'arrivons pas à l'équilibre des situations exami-
nées. Du moment où la précession joue, en réalité, un
rôle important dans les variations climatériques, ne
faut-il pas compter avec l'influence qu'elle exerce ? Nous
avons ainsi, sans doute, des possibilités de concordance

qui nous feraient défaut autrement. Est-ce parce que les justifications découlent si facilement et si pleinement de nos actions que nous devrions les répudier? En ce qui concerne les déviations de la courbe de nos balancements polaires, elles s'expliquent, de leur côté, comme nous l'avons dit, par les grandes oscillations du sol, en exhaussement et en affaissement. Si nous ne sortions pas de la régularité de nos révolutions polaires, on repousserait leur uniformité. Alors que nous nous en éloignons un peu, nous désapprouverait-on également? Nous n'en arrivons pas moins à donner par là la clef de situations dont aucune des suppositions émises jusqu'ici n'a pu, en quoi que ce soit, rendre compte et dont l'insuffisance ressortirait de ce seul rapprochement, pour une époque correspondante, de la végétation du Tong-King et de celle du Spitzberg.

FLORE CRÉTACÉE.

Il y a, dans les constatations de la géologie, des faits que nous ne devons pas laisser de côté. Au début de la période carbonifère, les terres arctiques devaient être reliées entre elles et former un continent d'une certaine étendue. Aux époques subséquentes, lors du Jura, dont nous venons de nous occuper, de la Craie à laquelle nous arrivons et du Miocène que nous étudierons plus loin, ces mêmes terres ont également constitué de larges espaces ayant leurs fleuves et leurs lacs. La végétation riche et puissante, qui s'y est renouvelée, si complétement identique, dans ses principaux types, à celle qu'ont eue l'Europe, l'Asie et l'Amérique à des époques corres-

pondantes, ne laisse aucun doute, ainsi que l'a dit **M. de Sa**-
porta, sur la réalité de leurs attenances. Ces émersions
n'ont, toutefois, rien eu de permanent. Avant les formations
ursiennes, la mer recouvrait le sol sur lequel elles se sont
constituées, et ces mêmes formations ont, à leur tour,
été recouvertes par l'Océan. Des changements du même
genre ont séparé, par des intervalles plus ou moins
longs, les époques ultérieures. Nous avons déjà signalé
l'action des déplacements polaires, à l'occasion du dépôt
du calcaire de montagne, après le premier épanouisse-
ment de la flore carbonifère. C'est le même phénomène
qui a ramené les mêmes situations, et, après l'exhaussement du Miocène, de nouvelles immersions, celle du
Quaternaire, n'ont-elles pas, une fois encore, atteint les
mêmes régions ? Ce n'est donc pas seulement au point
de vue paléontologique que se marquent les déplacements
polaires, conséquence des glissements de l'écorce terrestre ; c'est également et tout aussi bien dans les
mouvements mêmes du sol, lequel, subissant l'effet de
l'aplatissement, s'exonde dans un sens et s'immerge
dans l'autre, abandonné ou envahi par les eaux qui,
plus mobiles que la croûte minérale qu'elles recouvrent,
obéissent beaucoup plus rapidement à l'appel des forces
qui règlent l'équilibre du globe.

Si les terres, au-delà des limites des oscillations
polaires, avaient simultanément subi les mêmes alternatives, il y aurait à douter de la véritable cause de ces
mouvements. Mais nulle part, autant qu'on peut en
juger, il n'en a été ainsi. Les mers du renflement équatorial, soumises aux mêmes influences, se sont bien,
elles aussi, répandues jusqu'au centre de l'Europe. Mais
comme celles-là ne lui ont été ramenées que par le
rapprochement de l'équateur, leur présence n'a pu

coïncider qu'avec l'éloignement des autres. La période jurassique, celle de la Craie et l'époque tertiaire nous en offrent particulièrement des exemples. Et si notre continent s'est modifié dans ce sens, à certains moments, ce n'a jamais été, de toute façon, à part les causes locales, que dans la mesure même du renflement qui l'a atteint, c'est-à-dire que partiellement et assez faiblement en raison de la distance où il est resté de l'équateur ; ce qui ne l'a nullement empêché de s'étendre et de se développer progressivement depuis l'apparition de ses premiers îlots, alors que les régions arctiques, toujours plus atteintes, sont revenues à leur morcellement antérieur, lequel, relativement à celles qui nous avoisinent, ne disparaîtra peut-être, pour se reproduire de nouveau, que lorsque nos grandes chaleurs nous seront revenues.

Avec la période crétacée, le champ de nos explorations s'élargit et nous allons rencontrer des indices plus caractéristiques de nos actions. La grande évolution végétale suit son cours, parallèlement à celle de la faune. Dans les premiers temps de la nouvelle ère, les cycadées ont encore la prépondérance. Mais peu à peu leur rôle s'amoindrit et, lors de la Craie proprement dite, elles ne se trouvent plus qu'à un rang tout à fait secondaire.

La flore jurassique avait été pauvre et surtout peu variée. Aux cycadées ne se mêlaient guère que des fougères et des conifères, représentés par des espèces déjà bien différentes de celles des temps antérieurs. Les mêmes groupements subsistent, à très peu de chose près, à l'époque néocomienne. Les Angiospermes avaient cependant déjà fait leur apparition avec les premières Monocotylédones. Lors de la Craie, ce sont les Dycotylé-dones qui surviennent à leur tour et cette fois la diver-

sité des genres se multiplie dans une large mesure.
C'est l'époque initiale des Palmiers, des Séquoias, des
Pandanées, des Myriacées, des Protéacées. C'est aussi
celle des Araucarias, des Magnolias, des Laurinées et les
temps tertiaires devaient voir le nouveau règne dans
toute sa splendeur.

Des restes végétaux de la période crétacée ont été
trouvés sur un grand nombre de points ; mais les gisements ne présentent pas partout la même importance,
et, cette fois encore, les mêmes espèces ont été reconnues
aussi bien dans les régions arctiques que sous des
latitudes beaucoup plus basses. La présence des végétaux
crétacés s'explique en quelque sorte d'elle-même,
comme celle de leurs aînés, sous les zônes tempérées ;
mais en dehors de là, ici comme dans les âges précédents,
il n'en est plus ainsi, et c'est aux exceptions que nous
avons, de nouveau, à nous adresser.

Abaissée déjà, comme nous l'avons vu, lors de la période
jurassique, la moyenne de la température sous l'influence
de laquelle s'est manifestée la végétation de la nouvelle
période, s'était naturellement affaiblie encore. Elle
n'a plus été évaluée qu'à 18 ou 20 degrés centigrades. Mais ici, au lieu de simples indices, nous
trouvons la preuve certaine que déjà, pour les
mêmes lieux, cette moyenne devait passer par des
alternatives assez tranchées. Ce que nous avons surtout
à constater, c'est que les contrées aujourd'hui dans le
voisinage du pôle n'arrivaient plus au climat de celles
moins septentrionales. En tous temps, sans aucun doute,
il en avait été ainsi. Mais la végétation, jusque là, en
apparence si uniforme et se localisant toujours sous des
latitudes relativement peu distantes, n'avait pu que le
laisser entrevoir. Peu à peu des types moins sensibles

au froid, et conséquemment plus résistants, s'étaient constitués. C'est leur venue qui nous fournit toute certitude à cet égard.

Considéré comme nous le faisons, l'affaiblissement de la température générale du globe n'a rien qui ne se justifie. Dans l'ensemble, du carbonifère au crétacé, la moyenne s'était donc réduite d'au moins 6 à 7 degrés. Ce qui frappe dans le système que nous combattons, c'est que cet abaissement n'en aurait pas moins laissé à l'équateur et aux pôles une égalité climatérique à peu près complète. Si le soleil était alors demeuré inactif au point de ne plus procurer à la zône équatoriale qu'une température moyenne de 18 à 20 degrés, il faudrait au moins expliquer comment et par suite de quel état de choses son action aurait encore pu ne pas différer dans les régions extrêmes. Il faudrait aussi montrer comment et pourquoi, depuis, par un effet contraire, la chaleur se serait relevée à l'équateur jusqu'à son niveau actuel alors qu'elle continuait à se réduire aux pôles. Le relèvement, à l'équateur, aurait été, dira-t-on, un effet de la condensation solaire. Mais notre astre central n'était-il pas et depuis longtemps constitué, et dès les premiers temps de sa formation, l'équateur n'en a-t-il pas reçu des rayons plus directs que les pôles ? À mesure que la masse a grossi, son pouvoir calorique a donc dû augmenter, et cependant l'équateur en aurait, longtemps, été de moins en moins influencé. Le réchauffement ne lui serait venu que lorsqu'arrivé au maximum de sa condensation, le soleil, au lieu de gagner, n'aurait plus eu qu'à perdre. Plus nous nous appesantissons sur ce problème du soleil supposé, moins nous entrevoyons la solution qu'on a cru y trouver.

Parmi les grands gisements connus de la flore crétacée

figurent ceux du Groënland et ceux que le Spitzberg a vu de nouveau se former. Mais ils ne sont pas absolument contemporains, en ce sens que les uns se rattacheraient à la première partie de la période et que les autres appartiennent à la dernière. Les mêmes terres polaires auraient-elles bien pu, avec nos actions, à des dates aussi espacées, dans le cours de la même époque, avoir la double végétation qui y a existé? C'est ce que nous commencerons par examiner.

La flore groënlandaise de Kome est considérée comme correspondant à l'Urgonien. Des doutes s'élèvent, il est vrai, sur ce point, et nous pourrions nous en prévaloir. Mais nous ne nous y arrêterons pas. Nous la regarderons comme se rapportant bien au néocomien. Nous allons voir si, dès ce moment de la période, la situation polaire du golfe d'Omenak où se trouve le gisement en question, était bien telle qu'il pût y régner une moyenne de température en rapport avec celle accusée par ses plantes.

Le cercle de nos oscillations polaires n'avait pu que se resserrer encore depuis les temps jurassiques, et peut-être, lors de la végétation du crétacé inférieur, ne dépassait-il plus en diamètre 34 ou 35 degrés. Dans ces limites, le point dont il s'agit se serait alors trouvé vers le 64ᵉ parallèle ; mais avec la précession et un maximum d'excentricité, il n'en serait pas moins arrivé à des moyennes thermiques analogues à celles qui auraient alors constitué la normale du 46ᵉ. Si nous admettons que, lors du grès vert inférieur, la région de Paris, avec sa latitude d'aujourd'hui, aurait encore pu avoir une température d'équilibre, indépendante du mouvement précessionnel, égalant la moyenne de 14 à 15 degrés. ne trouvons-nous pas que ces chiffres nous conduisent assez près de la situation envisagée? Mais c'est dans la même partie du Groënland, à Atané, dans la presqu'île de Noursoak, que le crétacé supérieur a également laissé ses restes. Des conditions analogues auraient donc dû s'y reproduire? Elles auraient pu, en effet, s'y renouveler, et cela après un laps de temps qui serait parfaitement en rapport avec les formations intermédiaires. A l'époque de Kome, le point qui aurait occupé le pôle est la partie de la mer glaciale aujourd'hui située 10 ou 12 degrés en arrière, vers le 150ᵉ degré de longitude ouest. Au temps d'Atané, c'est l'extrémité orientale du lac de l'Esclave qui y aurait touché. Les distances en latitude auraien peu différé, et, pour amener les mêmes situations thermiques, il eut suffi d'un nouvel et semblable effet de précession.

La possibilité des deux végétations d'Atané et de Kome, dans le cours de la même période, n'est pas la seule à établir. A l'époque où s'épanouissait celle de cette dernière localité, le Spitzberg aurait-il bien pu, lui, voir se constituer la sienne? Il n'y a pas moins à le penser. La position en latitude du cap Staratschin où ont été retrouvés les restes de ses plantes, aurait été celle du 65ᵉ parallèle. La différence eût donc été à peu près nulle. Mais elle aurait pu se réduire encore et même se présenter à l'inverse. La concordance de date entre les deux gisements n'est pas, en effet, considérée comme absolue. Le Spitzberg aurait pu dès lors ne jouir de sa flore que plus tard, et si l'identité des deux végétations, qui n'est pas entière, n'a pas été plus complète, la cause n'en tiendrait peut-être qu'à cela. Du reste, même sensiblement plus tard, c'est-à-dire avec un éloignement polaire plus grand, le Spitzberg aurait encore pu revenir à un état climatérique se rapprochant de celui de Kome. Pour que l'égalité se retrouvât, il n'eût fallu qu'un simple changement dans l'excentricité de notre orbite et, comme conséquence, qu'une moindre action précessionnelle. Sans modification dans l'excentricité, la précession aurait même pu tout aussi bien conduire au même résultat. Il se serait alors produit, pour le Spitzberg, non plus dans une des phases extrêmes, mais dans le passage de cette phase à la phase opposée.

C'est à de fortes excentricités beaucoup plus qu'à son éloignement en latitude, que nous attribuons les plantes crétacées du Groënland. La confirmation du fait peut se trouver dans les épanchements basaltiques qui se sont mêlés là aux couches fossilifères et qui, pour nous, sont une des conséquences des excès d'attraction. S'il y avait insuffisance dans nos justifications relativement aux températures du Groënland, la différence pourrait aussi se retrouver du côté des déviations polaires, déviations que l'excentricité viendrait également expliquer. Enfin, nous avons à faire observer que les rapports thermiques dont nous nous servons, ne représentent que des moyennes, et l'on sait que les isothermes, influencés dans des sens divers, montent ou s'abaissent en latitude, selon les lieux, dans des proportions qui sont quelquefois très sensibles.

Des particularités spécialement intéressantes nous sont offertes, avons-nous dit, par la végétation crétacée. C'est en cela surtout que nos situations commencent à acquérir de la précision.

Un premier fait, c'est que les palmiers, déjà assez nombreux à l'époque de la craie, ne paraissent avoir laissé aucune trace dans la zône arctique. Bien que pouvant encore, dans certaines de leurs parties, descendre à une latitude assez basse, les terres polaires n'arrivaient donc déjà plus, même avec la précession, au climat auquel parvenaient encore les zônes actuellement tempérées. D'autres remarques sont plus significatives encore.

Les gisements du système de Kome, au Groënland, s'étendent à différentes localités. A côté de Kome, des vestiges nombreux montrent une forêt de sapins. Des sapins ont été également trouvés à Ekkorfat. Ici le refroidissement s'accuse assez nettement, surtout par rapport à la végétation urgonienne des Carpathes, à laquelle celle de Kome a été rapportée. Sans doute, la forêt de sapins de Kome aurait pu appartenir à un relief montagneux. Nous ne sommes pas à même de le contester. Mais des cycadées et des séquoias se sont retrouvés, à Ekkorfat, sur le même point que les sapins, et leur présence ne saurait guère s'expliquer de la même manière. Non-seulement nous avons ici le témoignage d'un abaissement marqué de la température, nous y retrouvons de plus une preuve positive des oscillations thermiques de la précession. A Kome même, les fougères abondaient. Patterfik a dû posséder un bois de séquoias. A la phase de chaleur la plus prononcée se rattacheraient les fougères, les cycadées, les séquoias. Au mouvement contraire appartiendraient les sapins. Les stations dont il s'agit, seraien', selon M. Heer, visiblement contemporaines. Elles ne cesseraient pas de l'être géologiquement. Seulement, le temps de l'apparition des espèces végétales n'ayant pas les mêmes affinités aurait, pour le moins, différé de quelques milliers d'années.

Les abiétinées des terres arctiques ne sont pas les seules qui se soient montrées à l'époque du crétacé inférieur. Des sapins, et même aussi des cèdres, ont été retrouvés à un niveau géologique correspondant, ou tout au moins peu différent, en Scanie, en Angleterre, dans le Hainaut, en France. Là aussi les conditions climatériques étaient donc devenues beaucoup plus variables. La révolution polaire devait, à ce moment, avoir ramené, pour l'Europe, en partie du moins, l'ère des chaleurs ; mais la précession n'en pouvait pas moins lui donner à elle-même, par intervalle, les températures que, dans un autre sens, elle procurait aux parties de la zône arctique situées dans la direction de ses méridiens. Ainsi, lors du néocomien moyen, la région de Paris se serait vraisemblablement trouvée vers le 38ᵉ parallèle ; mais, même avec une excentricité de l'orbite peu considérable, elle aurait encore eu le climat normal du 50ᵉ, et, si nous admettons le maximum de l'excentricité, nous atteignons jusqu'au-delà du 56ᵉ.

On a dit des sapins que certaines de leurs espèces sont sensibles à la gelée et n'habitent que des régions tempérées. On ne les y rencontrerait, en tout cas, qu'à une certaine altitude. En Europe même, les jeunes pousses des *abies pinsapo* et *cephalonica* seraient aisément atteintes par les froids tardifs. Nous ne prétendons nullement que les cèdres et les sapins du crétacé inférieur annonceraient un climat hyperboréen. Ils n'en marquent pas moins un pas réel, non-seulement dans la marche évolutive des plantes, mais encore dans la décroissance de la moyenne des températures où les végétations se mouvaient. C'est ce que nous tenions à établir. Un fait qui se concilie bien, du reste, avec l'extension de certains conifères dans les régions aujourd'hui polaires, c'est l'apparition, à Patterfik, de la première dicotylédone connue, d'un peuplier, *populus primæva*, Heer, de la section des peupliers coriaces. Les dicotylédones ont-elles tiré leur origine des terres arctiques, ou la doivent-elles à des régions simplement moyennes ? Malgré son importance, la question, pour nous, n'est que secondaire. Ce que nous y voyons principalement, c'est une nouvelle attestation de nos oscillations climatériques et nous ne devions pas la négliger.

Si du néocomien nous passons aux assises qui constituent les étages plus élevés des formations crétacées, les manifestations que nous cherchons, apparaissent non moins clairement. C'est le moment de l'expansion des nouveaux types dont le peuplier de Patterlik aurait été en quelque sorte le précurseur.

Les cèdres et les sapins se retrouvent de différents côtés dans le Gault, et ici, relativement à quelques-uns des gisements, notamment à ceux qui appartiennent au département de la Meuse, il y a certitude que ce n'a été, ni sur des cimes, ni sur des pentes plus ou moins élevées qu'ils ont existé. Aucune dislocation du sol n'y est supposable, en effet, dans les stratifications, qui ont conservé leur régularité et, à très peu de chose près, leur horizontalité première. La même affirmation peut d'ailleurs être avancée en ce qui concerne la craie inférieure du Havre, celle de Nogent-le-Rotrou, les sables de la Louvière, dans le Hainaut, qui récèlent aussi des restes des mêmes plantes et dans le voisinage desquels rien, non plus, ne peut faire croire, à l'époque de leur formation, à un relief de quelque importance. Une action autre devient d'autant plus évidente. Nous allons la retrouver dans les couches d'Atané.

Les dicotylédones qui y ont laissé leurs traces, l'emportent de beaucoup sur les diverses autres classes réunies. Un certain nombre de formes révèlent un climat peu variable et chaud ; mais il en est d'autres

qui, de même que les abiétinées, offrent des indices
sûrement contraires. C'est la présence d'un sassafras,
espèce de laurier à feuilles caduques, propre aux régions
tempérées ou aux montagnes des régions chaudes ; c'est
surtout la fréquence du peuplier. Toutes ces plantes,
d'affinités si variées, auraient-elles pu s'accommoder de
la même température et du même climat? On ne peut
guère le supposer, et s'il n'en a pas été ainsi, il faut
bien que la précession, là encore, soit venue faire son
œuvre. Un assemblage non moins divergent a été
signalé dans les dépôts cénomaniens de Bohême, aux
environs de Prague. D'une part, outre les palmiers, des
types tropicaux parmi lesquels des gleicheniées et des
pandanées ; d'autre part, des genres spéciaux à la zône
tempérée boréale et même encore européens aujour-
d'hui, entre autres un lierre, *hedera primordialis*, très
voisin de notre lierre commun, qu'on trouve jusqu'en
Scandinavie. Pour cette végétation de Bohême, on fait
valoir, il est vrai, la proximité d'une mer septentrionale
et l'influence qui a pu s'en dégager. Mais si cette
influence avait été telle, il semble qu'elle se serait fait
sentir sur l'ensemble de la végétation et non sur une
partie seulement, et que, favorable au lierre, elle n'aurait pu l'être aux pandanées. Et puis, enfin, n'y a-t-i
pas à se demander ce qu'aurait été cette mer septentrionale, sous le 50ᵉ parallèle, alors que sous la latitude
d'Atané, vers le 70ᵉ degré, une végétation presque
analogue aurait pu également prospérer?

Une question de même nature se pose relativement
aux différences d'altitude invoquées en faveur des
abiétinées européennes. Si le globe avait encore possédé
alors, jusqu'à la latitude du Spitzberg, une chaleur
suffisante pour y provoquer une végétation comme celle

qui y a existé, à quelle élévation de niveau ne faudrait-il pas recourir pour arriver, sous le 50ᵉ parallèle, à la température indispensable aux sapins? L'Himalaya occupe, dans l'Inde, une zône qui n'a pas beaucoup plus que la moyenne thermique rattachée aux plantes crétacées. Jusqu'à la hauteur de 1,000 mètres, la flore y conserve son caractère tropical. A 2,000 mètres seulement les palmiers et les bananiers disparaissent. Ce n'est qu'à 3,000 mètres que les sapins se montrent et il faut aller jusqu'à 3,500 mètres pour atteindre à la région des cèdres. Il est évident qu'il eût fallu des élévations bien plus considérables encore pour arriver, en Europe, à l'époque en question, avec le climat supposé des alentours du pôle, aux températures que les cèdres et les sapins auraient exigées. Et si de pareils soulèvements s'étaient produits là où on retrouve les restes dont nous parlons, n'en serait-il pas résulté d'immenses brisements, et, d'une manière quelconque, en serait-il resté si peu de chose qu'aucune trace aujourd'hui n'y subsisterait?

Comparées les unes aux autres, les végétations de la Haute-Marne, d'Eure-et-Loir, du Hainaut diffèrent peu, au fond, sous le rapport climatérique, de celles du Groënland, et nous avons montré comment le fait a pu se produire. Les ressemblances sont nettement marquées relativement aux flores d'Aix-la-Chapelle, des Carpathes et même de la Bohême. Les différences sont surtout prononcées eu égard aux plantes du sénonien des environs de Toulon. Au Beausset, malgré l'époque, on n'a à compter qu'une seule dicotylédone, et, comme genres restés dominants, on ne trouve que des conifères et des fougères. Toulon devait, de toute façon, sous la même action précessionnelle, avoir un climat s'écartant de celui des autres points ; mais il y a aussi cette considération que les autres végétaux dont il s'agit, ont pu appartenir à des phases précessionnelles et même à des excentricités distinctes et que les situations, par suite de cela, se seraient d'autant plus différenciées.

Que la moyenne de température admise pour l'ensemble des flores de la période crétacée soit ou non exacte, on voit qu'elle a dû se composer d'éléments assez divergents. Le maximum n'aurait certainement pas été inférieur à celui d'aujourd'hui. Pour avoir le minimum, il faudrait peut-être descendre jusqu'à 8 ou 10 degrés. C'était déjà beaucoup au-dessous de celui de la période carbonifère. Mais bien des transformations s'étaient accomplies. Elles poursuivaient leur cours, et l'époque tertiaire allait nous conduire beaucoup plus bas encore.

Notre étage le plus élevé de la série crétacée est le danien, formé de dépôts peu importants et peu répandus. Les restes organiques qui y ont été découverts, n'appartiennent pas à la flore. Ils y ont été laissés par la mer à laquelle les dépôts sont dus. Eux-mêmes annoncent, comme la plupart des plantes se rattachant aux dates qui ont précédé, la persistance d'une certaine élévation de température. Ces dépôts pourraient correspondre, pour la période crétacée, à ce que le pliocène a été plus tard pour l'époque tertiaire. Avec une situation polaire analogue et avec un effet prononcé de précession, le Danemark, et non moins bien la région de Paris, où s'est déposé le calcaire pisolitique, auraient très bien pu, eu égard surtout à ce qu'était restée la moyenne générale des températures d'alors, avoir le climat actuel du 34° ou 35° parallèle. Avec nos théories, le mosasaure de Maëstricht et les coraux de la craie de Faxœ n'auraient rien non plus que de facilement compréhensible.

Après les derniers dépôts de la craie, la nuit se fait pendant longtemps, pour l'Europe, sur la marche des événements géologiques. Ce qu'on sait, c'est que notre continent a subi alors de grandes dénudations qui ont fait disparaître une partie des formations immédiatement antérieures et qui ont même atteint jusqu'au Weald, particulièrement en Angleterre. Nous venons de dire que les conditions polaires de la partie la plus récente de la craie avaient dû être analogues à celles qui ont présidé aux dépôts du pliocène. La nuit qui a précédé l'époque tertiaire, est pour nous également l'équivalent de celle du quaternaire. Les rigueurs thermiques ont pu être autres en raison de différences d'excentricité, mais le mouvement a certainement été le même. En poursuivant cette étude, nous rencontrerons d'autres et non moins frappantes analogies.

FLORE TERTIAIRE.

L'époque tertiaire s'ouvre, pour nous, au point de vue végétal, avec les flores de Gelinden et de Sézanne, qu'un laps de temps considérable a séparées des dernières végétations crétacées. Mais l'hiatus qui s'est produit dans nos constatations européennes, n'existe pas dans celles de l'Amérique septentrionale. Dans le Kansas, au nord-est de cette contrée, on trouve une puissante formation d'eau douce qui atteint son plus grand développement dans le comté de Dakota et qu'on a désignée, pour cette raison, sous le nom de *Dakota-Group*. Or, ces dépôts, qui comprennent une flore crétacée fort riche, se relient, par leur partie supérieure, à une autre formation non moins puissante, celle du *Lignitic* qui appartient au tertiaire. Ils nous offrent ainsi le témoignage positif qu'aucune solution de continuité n'existe de ce côté, et c'est un fait de plus que nous avons à invoquer en faveur de nos déplacements polaires. Beaucoup plus rapprochées du pôle dans cette longue phase, restée inconnue, qui nous a conduits du danien à l'éocène, nos régions en ont naturellement éprouvé les conséquences. Mais la partie nord-ouest des Etats-Unis s'en serait trouvée, elle, beaucoup plus éloignée, et ce qui s'est produit de son côté, ne pouvait être que l'opposé de ce qui s'est passé chez nous. Notre long intervalle de refroidissement n'a donc pu être pour elle qu'une longue époque de chaleur, et c'est bien ce que vient attester cette suite non interrompue de dépôts qui passent du *Dakota-Group* au *Lignitic formation.*

Les divisions d'abord admises pour l'époque dans laquelle nous pénétrons, n'ont pas paru suffisantes sous le rapport végétal et l'on y en a ajouté deux : le paléocène et l'oligocène (1). Le paléocène, selon le sens de son nom, ouvre la série. L'oligocène, qui se rapporte à une ère intermédiaire, s'interpose entre l'éocène et le miocène. Le pliocène reste le dernier terme. Nous suivrons cette classification qui s'adapte mieux aussi, du reste, à nos recherches spéciales.

Si l'on en excepte la période carbonifère, les temps antérieurs au tertiaire n'ont laissé que peu de traces de leurs plantes. La période crétacée elle-même, bien que mieux dotée, ne nous a guère plus avantagés. Cela ne veut pas dire toutefois que ces époques auraient été plus ou moins stériles. Seulement, les conditions dans les-

____

(1) M. Schimper et, après lui, M. de Saporta.

quelles se sont constitués leurs dépôts, ont pu ne pas être aussi favorables à la conservation des empreintes. Avec l'époque nouvelle, nous touchons à la plus ample moisson. Les éléments utiles vont donc se multiplier pour nous ; mais nous allons avoir en plus, pour les examiner, des points de repère précis, empruntés à l'astronomie elle-même et qui nous ont fait défaut jusque-là. Nous voulons parler des variations de l'excentricité de notre orbite, calculées et déterminées avec des dates fixes en remontant à un million d'années en arrière, ce qui nous reporte justement, selon nous, vers la fin de l'éocène. Au lieu de simples probabilités dont la réalisation était certainement possible, mais que nous ne pouvions invoquer qu'à ce titre, nous aurons désormais des données positives. Nos interprétations ne pourront qu'y gagner. A plusieurs reprises déjà, dans de précédentes études, nous avons eu à puiser dans les richesses végétales de l'époque tertiaire, et les considérations que nous en avons tirées, n'ont pas été les moins concluantes de celles que nous avons eu à faire valoir. Notre revue, cette fois, sera plus complète. Nous n'en obtiendrons, croyons-nous, que plus de lumière.

1° Paléocène.

La période paléocène, qui correspond au suessonien de d'Orbigny, est surtout caractérisée par les flores de Gelinden et de Sézanne dont nous avons fait mention plus haut. Mais ces flores n'en marquent guère que la fin. Quelques traces végétales ont bien été reconnues dans des dépôts qui seraient antérieurs, notamment dans ceux de la vallée d'Arc, en Provence, ou bien dans le garummien de M. Leymerie, au pied des Pyrénées ;

mais elles sont restées trop rares et trop imparfaites pour que les types auxquels elles appartiennent, aient pu être déterminés.

Parmi les espèces retrouvées à Gelinden, il y a des chênes semblables à ceux des régions montagneuses de la zône tempérée chaude, des châtaigniers se rapprochant des nôtres, mais à feuilles persistantes, des lauriers, des cannelliers, des camphriers, des viornes. On y a reconnu aussi un lierre et un thuya. C'était, selon M. de Saporta, une forêt presque semblable à celles qui existent actuellement au Japon. Un des chênes actuels de l'Espagne reproduit aussi les principaux traits d'un de ceux de Gelinden. A Sézanne, on trouve des aulnes et des saules qui sont entremêlés de viornes et de cornouillers aux formes exotiques. Les figuiers s'y rencontrent également, ainsi qu'un lierre et une vigne. Ici, l'ensemble se rapporte à la partie méridoniale de notre zône, avec association de types appartenant aux pays tout à fait chauds. Mais pas plus de palmiers d'un côté que de l'autre.

La végétation de Sézanne accuserait, par quelques-uns de ses traits, une température plus élevée que celle qui aurait régné à Gelinden. Cela dénoterait que l'âge ne serait pas exactement le même. Partie d'une révolution précessionnelle aurait, pour le moins, séparé les deux gisements. La chaleur de Sézanne ne serait pourtant pas la plus forte qui se soit fait sentir à la même époque. Les sables de Bracheux et les grès du Soissonnais, qui se rattachent à la même période, ont offert un bambou et des palmiers à frondes flabellées. C'est donc lors de leur formation que le climat du paléocène aurait atteint son maximum.

Nous avons admis que la température normale du

49° parallèle, à l'époque de la craie inférieure, indépendamment des influences précessionnelles, avait encore pu atteindre 14 ou 15 degrés centigrades. Lors du paléocène, cette moyenne aurait pu être de 11 à 12 degrés. A ce moment, notre situation polaire, redevenue bien plus favorable qu'à l'origine des temps tertiaires, était vraisemblablement déjà plus que l'équivalent de celle d'aujourd'hui. Gelinden et Sézanne n'auraient donc eu besoin, pour leurs végétations, que d'un moyen effet précessionnel. Ou les grès du Soissonnais et les sables de Bracheux seraient postérieurs et se seraient déposés sous une latitude plus abaissée, ou leurs plantes seraient le résultat d'une accentuation précessionnelle plus marquée. De toute façon, les végétaux dont ils recèlent les débris, s'expliquent non moins aisément que les autres. En définitive, le paléocène avait vu se reconstituer, en même temps que le climat, la physionomie de la végétation de la fin de la craie, et, à part la lacune si considérable qui a séparé les deux âges, on pourrait croire qu'ils se sont continués sans interruption. La période carbonifère nous avait déjà fourni un pareil exemple, et l'on a pu constater que le même phénomène avait aussi eu lieu au début de la période crétacée, relativement aux plantes jurassiques. L'époque actuelle, en le renouvelant à son tour, par rapport au pliocène, ne semble avoir laissé aucun doute sur la possibilité de ces sortes de récurrence, même après les plus complètes modifications climatériques. Mais ce qui frappe surtout dans ces faits, c'est leur répétition même. Pour qu'ils se soient ainsi réitérés, il faut bien que les mêmes situations se soient elles-mêmes reproduites, et comment les expliquer autrement et mieux que par nos balancements?

C'est tout naturellement au paléocène que le *Lignitic formation* a été rapporté ; mais le *Lignitic* aurait forcément précédé les dépôts de Sézanne et de Gelinden. A l'horizon du paléocène se rattacheraient aussi quelques unes des flores tertiaires de la zòne arctique. Nous aurons plus loin à nous occuper de cette question.

2° Éocène.

Les moyennes de température, dans la partie du globe que nous habitons, avaient dû fléchir très-sensiblement dans l'intervalle qui a séparé la craie du paléocène, puisque ce n'est que vers la fin de cette période que les palmiers, nombreux dans les dépôts crétacés, ont fait leur réapparition. Avec l'éocène, elle se relevait de plus en plus. Mais ce relèvement n'est pas le seul fait qui appelle notre attention. Alors aussi s'est constituée la mer nummulitique, sorte de Méditerranée, beaucoup plus vaste toutefois que celle actuelle, puisque, pénétrant dans la région des Alpes, en Espagne, en Italie, en Grèce, en Afrique, dans l'Asie mineure, en Syrie, en Crimée, dans l'Arabie, elle s'étendait en outre, par la Perse et par les Indes, jusque dans la Chine. Souvent déjà, notre continent avait eu à subir l'envahissement de l'Océan ; mais peu à peu, cette fois encore, les terres s'étaient exondées et, à part de très faibles espaces, elles étaient restées émergées jusqu'à l'éocène. Nous avons dit que notre abaissement vers l'équateur devait avoir pour conséquence, non-seulement de nous ramener à des températures plus élevées, mais aussi de nous faire rentrer sous l'action du renflement équatorial et dès lors de nous soumettre au recouvrement de ses mers. Ce double effet se marque bien ici, et ce n'est pas le long espace où la mer nummulitique a laissé ses sédiments qui nous révèle seul le retour des eaux, c'est aussi le calcaire grossier qui s'étend à tout le bassin de Paris. Il est vrai que nous ne tarderons pas à voir l'une de ces mers disparaître en même temps que l'autre se resserrera, et cela, à un moment où leur hauteur relative aurait dû peu varier. Mais il faut considérer que ce mouvement a coïncidé avec le soulèvement qui a précédé et probablement donné naissance au grand brisement des Alpes du Dauphiné, et nous avons là sa raison d'être. Quoiqu'il en soit, le sol reprenant son niveau normal, après la grande commotion alpine, les mers ont reparu et ce n'est bien qu'après notre revirement vers le pôle et alors que nous en étions déjà assez sensiblement rapprochés, qu'elles nous ont peu à peu et de nouveau quittés, nous ramenant, dans ce sens encore, à la situation qui avait clos les temps crétacés. Ces témoignages des mers dans le sens de nos oscillations ne sont guère, on le reconnaîtra, moins concordants que ceux des flores.

Le climat du temps de l'éocène n'est pas seulement chaud, il est également sec, ce qu'annonce la végétation qui, en fait, est assez dépourvue d'opulence. Les plantes recueillies autour du calcaire grossier attestent toutes l'élévation de la température. A Londres comme à Paris, il existait des *Nipa*, genre qui se rapproche des palmiers. Au Trocadéro, une Euphorbe a été retrouvée qui était analogue aux grandes espèces actuelles des Canaries et de l'Afrique. Çà et là, dans les environs, croissaient de petits palmiers éventails, de même que quelques conifères, un jujubier et des chênes rabougris. Le Puy-en-Velay a fourni un dattier remarquable, *le Phœnix Aymardi*, Sap., dont le genre appartient aujourd'hui exclusivement à l'Afrique. Ce n'est là, toutefois, qu'une partie de la flore de l'époque, celle de sa première moitié. Plus tard, la Sarthe a possédé une forêt luxuriante dont les grès du Mans nous ont conservé les vestiges. Des palmiers y abondaient, dont les frondes rappellent celles des sabals de Cuba et de la Floride. Mais c'est aux limites extrêmes de la période que se rapporte la flore la plus riche, laquelle a été exhumée des gypses d'Aix, en Provence. C'est, dit M. de Saporta, à qui l'étude en est due, un mélange de formes restées indigènes en Europe et de formes devenues tout-à-fait exotiques, dont les similaires ne se retrouvent plus aujourd'hui que dans la partie austro-orientale de l'Afrique ou dans le Sud-Est de l'Asie. Il y figure un palmier éventail, de nombreux conifères, des bananiers, des lauriers, des gommiers. Parmi les types qui nous sont restés, il y a l'aulne, le bouleau, le charme, le chêne, le saule, le peuplier, l'orme, l'érable. Mais les espèces se rapprochaient plus de celles des régions relativement chaudes que des autres. Il y a aussi à faire observer qu'elles étaient généralement en très petit nombre.

Ainsi, au moment de l'éocène, les types africains avaient fait invasion dans nos contrées, et une partie de ceux qui devaient plus tard former l'unique composition de nos masses forestières, ne s'y étaient pas moins implantés. Dans ce temps, l'Europe devait se trouver dans son plus grand abaissement en latitude, et, sur la base de notre cercle des oscillations polaires, parvenu. cette fois, à peu près, à ses limites actuelles, la situation de la région de Paris aurait été celle du 35ᵉ parallèle, ce qui lui eût valu comme température normale, en tenant compte de ce qui restait de son élévation générale, par rapport à nos moyennes d'aujourd'hui, celle de 17 à 18 degrés centigrades. Il aurait donc suffi d'un moyen effet de précession pour nous conduire exactement à l'équivalent thermique que les végétations font supposer. Or, ici, et pour la première fois, nous pouvons supputer avec quelque sécurité ce qu'a dû être l'action de la précession. Nous avons fait coïncider la fin de l'éocène avec l'excentricité d'il y a 950,000 ans. Cette excentricité a été de 0,0517 alors que celle de notre époque n'est que de 0,0168. Elle était donc trois fois plus forte. Si l'excentricité actuelle nous vaut, dans l'ensemble de notre hémisphère, les températures d'équilibre qui n'existent que 4 degrés plus bas en latitude, Paris, à la fin de l'éocène, aurait donc eu celles du 23° parallèle, c'est-à-dire une moyenne de 22 à 23 degrés centigrades. N'atteignons-nous pas de la sorte assez pleinement le niveau voulu? (1) Il ne s'agit là, bien entendu, que de la phase de chaleur à laquelle se rapportent les principales formes de la végétation. Relativement aux espèces dont les types se retrouvent aujourd'hui chez nous, elles n'auraient pu appartenir qu'à la phase contraire. Celle-là nous aurait reporté jusqu'aux moyennes climatériques qui sont maintenant celles de la France centrale. Elle nous conduit par conséquent tout aussi bien que l'autre aux justifications désirables. Il va de soi, qu'ici pas plus que dans d'autres cas auxquels nous avons déjà eu à nous arrêter, les plantes signalées n'auraient coexisté dans leur ensemble. Les associations se seraient modifiées progressivement et plus ou moins complétement selon les affinités et les alternatives, et ce qui prouverait que les espèces des zônes tempérées n'auraient pas

<hr>

(1) Voir les tableaux des notes H et I. — S'y reporter également du reste pour toutes les autres indications de température que nous donnerons. — Voir de plus le diagramme et la carte polaire.

exactement vécu en même temps que celles des régions chaudes, c'est la position comparative dans laquelle ou les retrouve. Nous n'insisterons pas du reste en ce moment sur ce dernier point, nous réservant d'y revenir plus loin.

Cette première application de nos données précessionnelles sur la base de l'excentricité de l'orbite, avec les déplacements polaires, nous conduit, on peut en juger, à des résultats qui laissent peu à désirer. Les autres rapprochements auxquels il nous reste à nous livrer, ne nous mèneront pas à de moindres accords.

3° Oligocène.

L'Oligocène, répétons-le, n'a été qu'une ère de transition. Le climat de l'éocène avait été sec en même temps que chaud, sauf pourtant lors du revirement précessionnel de sa fin. Celui de la nouvelle période est resté chaud ; mais, dans l'ensemble, il a pris de l'humidité et la végétation a gagné en variété et en richesse.

La mer nummulitique avait disparu de même que celle du calcaire grossier ; mais une mer nouvelle, la mer tongrienne, n'avait pas tardé à se former. Seulement, celle-là est restée très limitée, puisqu'elle ne s'est étendue, en dehors du bassin de Paris et de quelques points isolés, qu'à la Belgique, à la Westphalie et, par la vallée du Rhin, à l'Alsace et à la Suisse. On sait que les dépôts sableux de Fontainebleau lui sont dus. Dans le midi, où des traces de la nouvelle mer ont aussi été reconnues, des lacs qui s'étaient antérieurement établis, s'emplissaient peu à peu. De son côté, le flysch se déposait dans la région des Alpes. C'est au milieu de ces circonstances que s'est manifestée la nouvelle végétation.

Pendant l'oligocène, de nouveaux types pénètrent en Europe. Plusieurs appartiennent aux palmiers et aux conifères ; mais la plupart sont d'origine américaine. Les érables, les ormes, certains chènes gagnent en nombre. Associés d'abord aux types africains, ils s'y substituent ensuite. En somme, les palmiers sont toujours abondants, mais beaucoup encore restent de petite taille, sauf pourtant le sabal major presque aussi beau que le palmier parasol des Antilles.

Les principaux gisements explorés sont ceux de Ronzon, près du Puy (Haute-Loire), de Gargas, de Saint-Zacharie et de Saint-Jean-de-Garguier, en Provence, des environs d'Alais, dans le Languedoc, de l'Alsace, et enfin, parmi d'autres encore, celui d'Armissan, près de Narbonne. C'est ce dernier qui est le terme extrème de la période. Une grande forêt aurait existé là, au bord d'un lac, et l'on y constate pour la première fois, de même qu'à Ronzon, la présence non plus seulement de types, mais d'espèces demeurées propres au midi de l'Europe, sans altération des caractères qui les distinguaient.

Ce que nous avons dit de la situation en latitude de notre continent à l'époque de l'éocène, s'applique également à l'oligocène. L'Europe se trouvait toujours dans son plus grand rapprochement de l'équateur, et si la période ne s'est pas caractérisée pour nous d'une manière plus particulière, cela ne tiendrait peut-être qu'à cette seule raison que nous aurions passé alors par une très faible excentricité (0,0102) qui n'aurait modifié notre climatologie que dans une très faible mesure. Les oscillations précessionnelles de la température, pendant un certain temps, n'auraient pas représenté, en effet, en plus et en moins, plus que la valeur thermique de 4 à 5 degrés de latitude. Les chaleurs n'auraient donc pas dépassé celles du 32ᵉ parallèle et les refroidissements se seraient limités aux moyennes du 38ᵉ. Mais ce temps n'aurait eu que peu de durée, et les phases, revenant à plus d'amplitude, se seraient accomplies avec des effets de plus en plus accrus, qui auraient surtout été ceux sous l'influence desquels la flore d'Armissan se serait développée. Pour celle-là, les extrêmes auraient été, dans un sens, les températures du 25ᵉ parallèle, et, dans l'autre, celle du 45ᵉ, ce qui lui aurait bien ramené la possibilité de ses types à aptitude tempérée.

On a dit que les espèces qui se sont répandues en Europe dans le milieu des temps tertiaires, lui seraient venues principalement des terres polaires. A une époque qui y correspond plus ou moins, les régions arctiques avaient sûrement retrouvé une puissante végétation et cette végétation se composait bien de formes très souvent identiques à celles qui commençaient à peupler nos forêts. Mais comment concilier, ici surtout, la présence en quelque sorte simultanée de types si complétement similaires au centre de notre continent et jusque sous les latitudes les plus élevées?

On n'a pas oublié que pour expliquer la possibilité des végétations carbonifères jusque dans le voisinage du pôle, on a eu recours à différents moyens. Dans un sens, on a invoqué la chaleur solaire, beaucoup plus également répandue, en raison de la dilatation de l'astre, restée très considérable ; dans l'autre, on a demandé à l'atmosphère, très saturée d'humidité, une densité qui en aurait fait un abri plus complet contre le refroidissement.

Combien de ces flores dont nous nous sommes occupé, même dès les végétations houillères, qui témoignent d'une véritable sécheresse! Si l'époque tertiaire a encore eu, dans la zône arctique, une expansion végétale différant si peu de celle des zônes tempérées, ce serait donc, beaucoup moins encore que précédemment, à l'atmosphère qu'il faudrait en rattacher le fait. Serait-ce à l'état de notre astre central? Mais, à supposer qu'à l'époque des houilles il eût encore occupé, dans le ciel, le large espace qui lui a été attribué, se serait-il donc si peu contracté, du carbonifère au tertiaire, qu'il eût pu encore, à cette dernière époque, y répandre la chaleur que les plantes ont exigées? Il faudrait convenir, dans ce cas, que son amoindrissement aurait, depuis, été bien bien autrement rapide, et cela nous ferait assez mal augurer de l'avenir prochain de notre planète. Nous avons déjà montré combien de semblables conceptions se justifient peu. Leur insuffisance et leur manque de fondement, sans parler de ce que le quaternaire aura encore à nous offrir, apparaissent ici dans toute leur évidence.

De même qu'à l'époque carbonifère et dans le cours de la période crétacée, c'est encore au Spitzberg et au Groëland, parmi les terres arctiques, que la végétation tertiaire parait s'être le plus développée; mais des vestiges de cette flore ont aussi été recueillis sur d'autres points, notamment en Islande, et l'île du Prince-Patrick, la terre de Banks et la région du Mackensie, y ont elles-mêmes de nouveau ajouté leurs contingents. Les mêmes distinctions que celles déjà faites au sujet de la flore houillère, doivent nécessairement être établies ici.

Il est évident pour nous que les plantes du Groënland et du Spitzberg, de même que celles de l'Islande, ne

sauraient ètre contemporaines des plantes de la terre de
Banks, non plus que de celles des localités avoisinantes.
Ces dernières ne pourraient se rattacher qu'au début du
paléocène et dès lors leur âge les rapprocherait de celles
du *Lignitic formation*. Vers ce moment, la partie méridionale du Groënland se serait trouvée sous le pôle.
L'île du Prince-Patrick aurait alors occupé à peu près
le 62ᵉ parallèle, la terre de Banks, le 61ᵉ et le gisement
du Mackensie, le 53ᵉ. Avec un effet un peu prononcé de
précession, les deux premiers de ces points seraient
aisément arrivés, on le voit, à une température en
rapport avec leur végétation. Le dernier n'aurait même
pas eu besoin de ce concours. Plus tard, ce sont ces
terres qui, à leur tour, auraient passé par le pôle et
c'est alors que se seraient produites les flores du Groënland, du Spitzberg et de l'Islande. Les situations s'étaient
donc transposées. Elles ont pu avoir les mêmes résultats,
mais ils se seraient forcément produits dans des conditions de temps diamétralement opposées.

L'oligocène n'aurait naturellement été pour rien dans
l'apparition des flores du Mackensie et des îles voisines.
Il n'y aurait pas plus à lui attribuer celles du Spitzberg
et du Groënland. Celles-là sont considérées par M. Heer
comme se rapportant au miocène inférieur. Celle du
Spitzberg pourrait être d'un âge aussi bien un peu
antérieur qu'un peu postérieur. Mais la végétation du
Groënland ne saurait réellement appartenir qu'à une
période tout-à-fait correspondante à celle indiquée. Pour
M. de Saporta, l'origine de la végétation tertiaire du
pôle remonterait, non pas seulement au miocène, mais
plus haut même que l'éocène, c'est-à-dire jusqu'au
paléocène. Nos données ne s'écartent donc pas absolument de son appréciation. Elles n'en diffèrent qu'en ce

sens, qu'au lieu de généraliser, nous localisons. On comprend, au surplus, que les terres arctiques aient successivement possédé, dans une même suite de temps, des flores à peu près identiques. Par suite des mouvements polaires, les mêmes conditions de climat se renouvelleraient de proche en proche et ce qui a eu lieu, par exemple, pour l'île du Prince-Patrick, se serait reproduit dans la terre de Banks, puis dans la région du Mackensie et ainsi de suite. Les différenciations, à latitude égale, ne proviendraient que des influences précessionnelles. Ce sont d'ailleurs ces influences qui prouvent, pour nous, que la flore du Groënland, celle-là en particulier, ne saurait réellement se rapporter qu'au miocène, ainsi que nous le démontrerons plus loin.

Une double remarque pour clore ce chapitre. L'oolithe a été témoin du développement de la végétation jurassique. L'époque de la craie a été marquée par l'apparition et la diffusion des dicotylédones, et nous assistons, avec le milieu des temps tertiaires, à une expansion analogue. Ce qui doit surtout ne pas échapper, c'est que ces manifestations sont survenues dans les mêmes conditions de temps par rapport aux périodes auxquelles elles se rattachent. D'un autre côté, le lias, le néocomien et l'éocène ne se sont-ils pas présentés avec des caractères d'une grande similitude, et n'en a-t-il pas été de même de la série des étages subséquents des trois époques ? Pour qu'il en ait été ainsi, il faut bien que les mêmes situations se soient reproduites. Nous avons déjà fait ressortir cette répétition des mêmes actions tant sous le rapport de la végétation que relativement aux déplacements des mers. Nos balancements, avec leur périodicité, ne se dégagent que mieux de l'ensemble de ces rapprochements. Que de corrélations du même genre ne retrouverait-on pas dans le passé géologique de la terre, si les investigations pouvaient nous y faire pénétrer plus complétement.

4° Miocène.

Nous voici au miocène. C'est le moment du grand mouvement végétal dont nous avons parlé. Le miocène a fait l'objet de deux sous-divisions : la première, l'aquitanienne, qui est formée de la partie inférieure des dépôts ; la seconde, la molassique ou helvétienne, qui est composée de la partie la plus récente.

La sous-période aquitanienne commence avec le retrait de la mer tongrienne et se termine à l'invasion de la mer molassique. La sous-période molassique ou helvétienne correspond exclusivement à la mer de la Molasse.

1° Sous-période Aquitanienne.

Les localités européennes où la flore aquitanienne a été observée, sont nombreuses. Il y a Manosque, en Provence, Cadébona, en Piémont, Thonens, en Savoie, Coumi, en Grèce. Des lignites sont exploités sur la plupart de ces points. Citons également les gisements de la Baltique, ceux des environs de Bonn, près de Cologne, et le dépôt de Radoboj, en Croatie.

Les végétations se distinguent peu entre elles. Les fougères sont toujours fréquentes, et, en général, elles sont amples, ce qui est un indice d'humidité. Les mêmes espèces existent aujourd'hui dans la partie sud de l'Asie. Les palmiers sont, en grande partie, ceux de l'oligocène ; mais ils sont moins répandus. Par contre, plusieurs sont de dimensions plus considérables. Les conifères n'ont pas changé, et, parmi eux, les séquoias continuent à dominer. Des camphriers existaient jusque sur les bords de la Baltique. Rien de plus méridional que ces types dans leur ensemble ; mais alors aussi les formes que nous avons vues apparaître précédemment, s'y joignent en nombre toujours croissant. Ce sont les bouleaux, les hêtres, les charmes, les peupliers, les saules, les frènes, les érables, des chênes, et l'ensemble change très sensiblement. Sans doute la plupart de ces dernières espèces se montrent encore avec des aptitudes qui ne sont pas absolument celles qu'elles possèdent aujourd'hui. Elles n'en accusent pas moins une tendance bien différente de celle des autres types. Au fond, dans un sens, les affinités sont restées tropicales ; dans l'autre, elles sont devenues septentrionales. C'est la précession qui, cette fois encore, va nous donner le mot de l'énigme.

L'Europe ne s'était encore que très peu relevée vers le pôle à l'époque aquitanienne et la région de Paris devait se trouver vers le 36° parallèle. Mais, à ce moment, il y a 850,000 ans, un maximum d'excentricité se produisait, et, avec nos calculs, il lui aurait valu jusqu'aux moyennes de température du 18°. Une partie de la flore aurait donc eu là toute sa raison d'être. Mais la précession agit toujours dans un double sens, selon la position du globe sur son orbite, et la même excentricité s'est forcément manifestée pour nous d'une manière différente. A la phase de chaleur a donc succédé une phase de refroidissement, et c'est cette dernière, d'intensité égale, qui a eu pour conséquence de nous ramener vers des températures sensiblement plus basses. Le minimum aurait été celles du 55° parallèle. C'est naturellement à celle-là que les modifications végétales seraient dues.

Nous n'entendons pas dire que les deux flores se seraient réciproquement éliminées. Elles ont pu se mé-
langer dans une certaine mesure, selon les lieux et les
expositions, comme cela était arrivé pour d'autres
flores. Mais il nous paraît hors de doute que les sabals,
par exemple, n'ont pu vivre côte à côte avec les peupliers, les saules, les aulnes, et que la seule présence de
ces espèces implique forcément l'éloignement des autres.
Au reste, la preuve de ces changements nous est offerte
par certains dépôts et, en particulier, par ceux de Manosque. Les deux flores se trouvent là, non pas mêlées
et confondues, mais juxta-posées, ce qui montre bien
qu'elles n'ont réellement pas coexisté sur les mêmes
points, mais qu'elles s'y sont alternées. Les dépôts d'Aix
nous ont déjà fourni le même témoignage relativement
aux végétations de l'éocène. On le retrouve également
dans ceux d'Armissan, de l'oligocène. Vainement on
prétend que les espèces nouvelles auraient appartenu à
des pentes montagneuses voisines et que leurs débris,
entraînés par les eaux, seraient venus s'ajouter aux
autres restes. On sait ce qu'auraient dû être ces élévations
en altitude avec les températures de la craie. Le cas actuel n'eût pas été sensiblement différent.

Les limites dans lesquelles les plantes tropicales du
miocène inférieur se sont répandues vers le nord, nous
sont exactement révélées. Les bords de la Baltique n'auraient pas eu de palmiers. En Angleterre, ils n'auraient
pas dépassé le 52° degré de latitude, hauteur où se
trouvent situés les lignites de Bovey, dans le Devonshire.
Les lignites de Bonn, vers le 51° degré, ont gardé la
trace d'un sabal major. Si nous prenons le 51° parallèle
comme dernière limite où les sabals aquitaniens soient
parvenus, nous trouvons qu'ils se seraient arrêtés à une

hauteur équivalant à peu près à celle du 22° d'aujour-
d'hui. Le rapport ne serait pas non plus contestable.

Une autre particularité à signaler et qui a bien aussi
son intérêt. Un gingko des bords de la Baltique a également été recueilli au nord du Japon, dans l'île Sakhalin.
Lors du miocène inférieur, avec la position que nous
avons assignée au pôle, les deux points se seraient
trouvés exactement sous la même latitude.

Nous voudrions noter toutes nos remarques ; mais le
cadre que nous nous sommes tracé ne nous le permet pas.
On l'a vu, les végétations du miocène ont donné lieu,
sur beaucoup de points, à des formations de lignites. Ces
lignites se concilieraient-ils plus que la houille avec une
élévation constante de la température ? A Coumi, dans
l'ensemble de la végétation, on n'a rencontré que très
peu de types d'affinités non-tropicales. Coumi se serait
trouvé sous une latitude très abaissée, vers le 20° degré,
et la phase précessionnelle de refroidissement qui aurait
valu à Manosque les moyennes thermiques du 52° parallèle, ne lui aurait procuré que celles du 38°. Parmi
les chênes qui y ont existé, les uns se rapportent à des
espèces actuellement mexicaines, les autres à des formes
que l'on observe dans l'Asie Mineure et dans la Perse.
C'est toujours le même accord.

Revenons aux végétations polaires.

Les plantes recueillies au Spitzberg et que M. Heer a
décrites, sont au nombre de 178. Celles retrouvées au
Groënland forment un total de 169. Les empreintes du
Spitzberg proviennent principalement du cap de Staratschin, sous le 78° parallèle, où des plantes crétacées
ont aussi été rencontrées ; celles du Groënland ont été
tirées de l'île de Disko et de la presqu'île adjacente de

Noursoak, sous le 70ᵉ. Les lits dans lesquels gisaient les empreintes du Spitzberg, font partie d'une formation d'eau douce qui implique l'existence d'une grande terre. Les formations du Groënland sont également d'origine lacustre. Les deux points appartenaient vraisemblablement au même continent, auquel l'Islande aurait elle-même été reliée.

Les mêmes espèces, à peu d'exceptions près, ont été retrouvées des deux côtés. Ce sont des *Asplenium* et des *Osmonda,* parmi les fougères, des *Abies,* des *Tsuga,* des *Sequoia,* des *Taxus,* et des *Salisburia,* parmi les conifères, et, au nombre des dicotylédones, figurent des bouleaux, des hêtres, des châtaigniers, des chênes de la section dont notre rouvre fait partie, des ormeaux, des platanes, tous genres que nous avons vus dans notre aquitanien. Cependant il y aurait eu, au Spitzberg, une plus grande abondance de pins et de sapins, de bouleaux, de cornouillers, de viornes, et le Groënland aurait encore possédé, entre autres types indiquant un climat plus chaud, un *Biota,* un *Gingko.* des myricées à feuilles coriaces, un magnolia à feuilles persistantes et diverses autres espèces dont l'absence ou la rareté, dans l'autre flore, serait surtout significative.

Evaluée d'abord à une moyenne annuelle de 9 à 10 degrés centigrades , la température du Groënland, à l'époque du miocène, a depuis été portée, par M. de Saporta, à celle de 12 degrés. Celle du Spitzberg, limitée en premier lieu à 5 degrés et demi, a, plus tard aussi, été considérée comme ayant pu osciller entre celle de 8 à 9 degrés. Il s'agit de savoir si ces points, à l'époque où nous sommes parvenus, ont pu, avec notre balancement polaire et nos autres actions, arriver aux moyennes thermiques définitivement adoptées.

Pour le Spitzberg, comme nous avons déjà eu à l'établir dans d'autres publications, cela ne fait aucune espèce de doute. Au commencement du miocène, le cap de Staratschin se serait trouvé abaissé jusque vers le 56° parallèle et, dans sa seconde partie, il serait même descendu plus bas encore, c'est-à-dire jusque vers le 54°. Même en dehors de toute action précessionnelle, il aurait donc pu posséder la végétation qui s'y retrouve, et s'il a pu l'avoir dans ces conditions, à plus forte raison s'y serait-elle produite avec un certain effet d'excentricité. Le Groënland n'aurait pu, au contraire, posséder sa flore qu'avec le concours du maximum de l'excentricité. Or, ce maximum est précisément celui dont nous avons déjà vu les effets dans différentes parties de l'Europe, notamment à Manosque. Sa latitude ne se serait pas très sensiblement écartée de celle d'aujourd'hui. Elle eût été entre le 67° et le 68° degré. Mais alors la précession, y ajoutant son plus fort contingent, lui aurait procuré jusqu'à la moyenne climatérique du 56° parallèle, laquelle eût équivalu à celle actuelle de notre 52°. Il est vrai qu'on n'a pas ainsi la moyenne accusée ; mais des influences accessoires peuvent nous y conduire, même surabondamment.

Il y a une action à laquelle nous ne nous sommes pas encore directement adressé et qui, déjà sous-entendue à l'occasion du crétacé groënlandais, aurait pu s'exercer de nouveau, sur le même point, relativement à sa végétation tertiaire ; c'est celle des grands courants marins dont l'influence est si considérable sur les côtes auxquelles ils touchent. Un de ces courants venant des tropiques aurait pu baigner alors les rivages de Disko et de la presqu'île de Noursoak, et la chaleur qu'il y aurait apportée, aurait été d'autant plus grande que l'hémis phère tout entier en aurait possédé une plus forte. Nous sommes loin de l'excentricité du miocène inférieur, et cependant combien le *Gulf-stream* ne se fait-il pas sentir sur les parties ouest de la Grande-Bretagne, même jusqu'aux îles Shetland et Féroë ! Combien surtout la Norwège, bien que plus septentrionale encore, n'en éprouve-t-elle pas les effets ! L'adoucissement qu'il procure, à cette dernière contrée particulièrement, est au moins égal à celui dont elle jouirait, si elle occupait ailleurs des latitudes plus basses de 10 degrés. Si l'île de Disko et la presqu'île de Noursoak avaient eu le même avantage à l'époque aquitanienne, et rien n'empêche de le supposer, leur climat, au lieu de rester celui actuel du 52ᵉ parallèle, que la précession leur aurait valu, aurait donc pu être celui du 42ᵉ. Dans ces conditions, toute apparence de discordance ne disparaît-elle pas ?

Ainsi, bien que plus rapproché alors du pôle que le Spitzberg, le Groënland aurait eu un climat plus chaud que celui qui a temporairement régné sur le premier de ces points. On sait par ce que nous avons déjà eu occasion de dire, que de simples écarts de date, même à des intervalles de temps sensiblement rapprochés, doivent forcément, avec la précession, amener des différences de ce genre. Un courant polaire, contraire à celui du Groënland, aurait pu, de son côté, l'accentuer pour le Spitzberg. Mais, par leur importance, les dépôts annonceraient une durée assez considérable. Comment la concilier avec la brièveté relative du balancement précessionnel ?

Au Spitzberg, si l'on faisait remonter la date de ses couches à l'oligocène, cette durée se serait offerte sans grande variation de température, grâce à la faible excentricité d'alors. Elle se serait également présentée,

par la même raison, après la grande excentricité du
miocène inférieur et avant celle qui s'est renouvelée
dans la seconde partie de la période. Elle se retrouverait
moins pour le Groënland, puisqu'il n'aurait pu bénéficier
tout au plus que d'une double phase précessionnelle.
Mais il y a à considérer que des bouleversements volca-
niques se sont produits sur ce point où des basaltes se
sont intercalés, à plusieurs reprises, entre les assises
fossilifères. Les éléments constitutifs des dépôts auraient
donc été beaucoup plus abondants et leur épaisseur, par
suite de cela, se serait accrue d'autant plus rapidement.
Relativement au Spitzberg, ce qui dénote que ses gisements se rapprocheraient bien plutôt de la molasse que
de l'oligocène, tout en se rattachant principalement au
miocène inférieur, c'est que si 40 des espèces qui y ont
été trouvées, sont communes à nos dépôts de ce dernier
groupe, 19 aussi se rencontrent à la base de la molasse
suisse.

On pourrait nous objecter, pour le Groënland, que si la
chaleur n'avait pas manqué à ses plantes, la lumière
aurait pu leur faire défaut, du moins dans une certaine
mesure. C'est un reproche qui, de toute façon, ne saurait nous être adressé par ceux qui, sans changement
dans les latitudes, admettent la possibilité des végétations du Spitzberg. Les nuits d'hiver, sous le 68ᵉ parallèle, sont assurément longues. Mais les hivers, au
périhélie, avec la grande excentricité d'il y a 850,000
ans, n'auraient eu que peu de durée et ils auraient été
d'autant plus doux que les étés se seraient plus prolongés.
Peut-être d'ailleurs, à ce même moment, en raison
surtout de la puissance des attractions, une déviation
de la trajectoire polaire, fait que nous avons déjà eu à
prévoir au sujet des dépôts jurassiques de l'Indo-Chine,

se serait-elle également produite. Un abaissement de quelques degrés en plus aurait pu en résulter comme latitude, et par là aussi le parallélisme des situations se serait d'autant mieux établi.

Nous n'avons rien de particulier à dire de la flore de l'Islande, si ce n'est qu'à l'époque aquitanienne la position de ce point, en latitude, aurait été à peu de chose près celle du Spitzberg et que sa végétation a pu conséquemment être identique. Mais il y a un autre point des régions arctiques dont nous n'avons pas encore parlé ici et auquel il convient que nous nous arrêtions également, au moins un peu. Il s'agit de la terre de Grinnell où des restes végétaux ont aussi été découverts.

La terre de Grinnell est le lieu le plus septentrional qui ait fourni jusqu'ici des traces de végétation, et c'est sous le 82° parallèle qu'elles y ont été récoltées. Ses plantes, elles aussi, se rapportent au milieu de l'époque tertiaire. Lors du miocène inférieur, la terre de Grinnell se serait trouvée à la distance de 19 ou 20 degrés du pôle. A l'époque de la molasse, un peu plus abaissée, elle aurait occupé le 69° parallèle. Mais avec l'effet de précession qui a caractérisé la première de ces périodes, et sans le concours d'autres influences, elle n'en serait pas moins arrivée vers les moyennes de température du 56° parallèle actuel et plus tard elle serait encore parvenue à celles du 59°. Les espèces reconnues étaient à feuilles caduques. Elles annonceraient donc bien un climat plus froid que chaud. Nos supputations ne nous conduisent-elles pas, même là, au résultat désiré. Il n'y aurait, du reste, nullement à s'étonner de trouver des vestiges de plantes dans un voisinage aussi immédiat du pôle. A l'origine du pliocène, le lieu maintenant occupé par le pôle s'en serait trouvé à une distance égale à celle actuelle de Saint-Pétersbourg. Si l'on y arrive un jour, on pourra donc espérer y en rencontrer également et même en plus grande abondance.

Préoccupés des seules végétations, les partisans des théories cosmiques que nous combattons, ne se sont nullement arrêtés à un des phénomènes géologiques les plus importants du miocène inférieur, à l'extension glaciaire qui s'est alors produite et dont les Alpes, chez nous, les Pyrénées et le Morvan ont gardé la trace. Si l'époque en question n'avait eu que de grandes chaleurs, comment ces glaciers se seraient-ils constitués et développés ?

Les phases précessionnelles qui nous ont valu l'apparition des plantes à affinités septentrionales, suffisent parfaitement pour expliquer un pareil état. Les Pyrénées, qui prenaient de l'élévation, pouvaient n'avoir pas plus de relief qu'aujourd'hui ; mais elles auraient eu des moyennes de température sensiblement plus faibles, puisque leur isotherme eût été celui du 48° parallèle équivalant à 12 degrés centigrades. Les Alpes surgissaient, du moins celles du Dauphiné, et elles auraient eu, en moyenne, la position climatérique du 50°. Quant au Morvan, bien que situé sous une latitude un peu plus élevée que les deux autres points, il est certain qu'avec son altitude présente, aucun glacier n'aurait pu s'y former. Mais n'y a-t-il pas à penser qu'à cet époque, il aurait participé, même dans une assez forte mesure, au soulèvement qui créait nos Alpes ? Le sol européen a subi alors de grandes oscillations, que le va-et-vient des mers atteste avec une complète certitude, et quoi de plus admissible que le Morvan en eût plus particulièrement éprouvé les effets que d'autres points ? Seulement, il aurait repris plus tard un autre niveau. Il ne faut pas oublier d'ailleurs que la période dont nous nous occupons, avait donné lieu, justement par suite des grandes dénivellations survenues, à des lacs nombreux et étendus ; qu'il devait en résulter un accroissement d'humidité qui se retrouve du reste dans la végétation, et que si le froid est nécessaire au développement des glaciers, l'humidité ne leur est pas moins favorable. Mais il y a la végétation elle-même. Comment ne se serait-elle pas autrement ressentie de l'influence de cette situation ? De nos jours, le Chili et la Nouvelle-Zélande ont aussi des glaciers, et, sur ce dernier point, des fougères arborescentes, voire même des palmiers, ceux-là, il est vrai, maigres et rabougris, n'en croissent pas moins jusque dans leur voisinage.

Que de choses qui se lient et s'enchaînent lorsqu'on les considère dans leur véritable sens ! Les attractions nous rendent compte des glissements de la croûte terrestre ; le balancement de la précession nous explique les variations climatologiques qui se superposent aux effets thermiques résultant des changements en latitude, et avec les fortes excentricités viennent de plus concorder les grandes déformations qui ont affecté le sol. Toutes ces actions ne se marquent-elles pas, et à la fois, pendant la durée du miocène, s'attestant à un égal degré ? Pour ce qui est de l'effet des attractions sur la croûte du globe, il n'y a pas à le voir ici que dans les Alpes qui se dressent, les Pyrénées qui s'accroissent et le Morvan qui se surélève ; on le trouve tout aussi bien dans les grands brisements d'où sont sortis les volcans d'alors, entre autres ceux de l'Auvergne et de l'Eifel. L'Irlande devrait les basaltes d'Atrim aux mêmes influences, et n'avons-nous pas vu ceux du Groënland, à deux reprises, lors de la craie et dans les temps dont nous nous occupons, venir s'étendre exactement au milieu de dépôts qui n'ont pu appartenir qu'aux époques envisagées? On peut rejeter nos idées. Il faudrait au moins y substituer des conceptions concordant mieux avec les faits.

Et maintenant, nous sera-t-il permis de revenir sur une question que nous nous sommes précédemment posée sans y répondre, à savoir quel serait le véritable centre d'origine de ces flores que le cénomanien et le miocène ont vu s'épanouir? Ce ne serait nullement, croyons-nous, dans les terres arctiques qu'il faudrait, comme on l'a fait, chercher leur berceau. Si les types ne se sont constitués que par voie de transformations successives, le fait n'a pu, en effet, se produire que là où la végétation n'a pas cessé d'exister, tout en se modifiant selon les circonstances. Or, les terres arctiques ont passé par des alternatives absolument tranchées et, tour-à-tour, pendant de longs espaces de temps, elles ont forcément possédé et perdu leurs plantes. Celles qui y sont revenues, dans les époques favorables, n'ont donc pu y rentrer que de régions plus ou moins avoisinantes et avec des caractères déjà acquis. Sans doute la première dicotylédone semble avoir fait son apparition à Patterfik, avec le crétacé inférieur ; mais lors du crétacé supérieur, l'Europe ne possédait-elle pas, avec une égale abondance, les mêmes types que le Groënland, et si les espèces du miocène se sont montrées en plus grand nombre, à des distances plus ou moins rapprochées du pôle, n'est-ce pas parce que, à ce moment, nos contrées jouissaient encore d'une température qui, le plus habituellement, ne pouvait que les repousser? Les zônes moyennes, toujours soumises à des alternatives de

chaleur et de froid n'ayant rien d'excessif et passant
d'une extrème à l'autre sans perdre entièrement leurs
éléments de vie, tel aurait été, en un mot et en tout
temps, selon nous, le siège des transformations survenues, et si l'Amérique avait vu naître les nouveaux
types, ce ne serait même que vers le sud des Etats-Unis
qu'il faudrait, de préférence, en rechercher la trace.
Seulement, l'époque de leur apparition aurait précédé
quelque peu celle de leur expansion. Quant aux régions
circompolaires, ils ne s'y seraient répandus que, parce
que, abaissées à des latitudes sensiblement plus faibles,
ou réchauffées par des phases exceptionnelles de précession, elles-mêmes auraient atteint, par intervalle, les
niveaux climatériques qu'ils recherchaient.

2° *Sous-période molassique ou helvétienne.*

Lors de la sous-période dans laquelle nous entrons,
la mer de la Molasse n'occupait pas seule notre continent,
le découpant dans différentes directions. La mer des faluns
s'étendait, de son côté, à une grande partie du bassin
de la Gironde et même, par celui de la Loire, jusque
vers l'Auvergne. Le sol avait recouvré en partie ses
précédents niveaux, et les mers du renflement équatorial, toujours présentes, retrouvaient là les espaces que
les soulèvements leur avaient fait perdre. Ce n'est pas
brusquement que leur retour s'était effectué, mais
progressivement et par petites étapes, et il est à remarquer que c'est également avec lenteur qu'elles se sont
retirées, en commençant par le nord. Rien en cela qui
ne reste en complète harmonie avec notre mouvement
polaire. Dès le début du miocène, le lieu où, beaucoup
plus tard, Paris devait être bâti, se serait encore trouvé
très rapproché du 35ᵉ parallèle ; mais, à sa fin, il eût

été relevé jusque vers le 41°. Les hauteurs relatives de l'Océan devaient nécessairement s'être modifiées, et si notre rapprochement de l'équateur nous explique son envahissement lors de l'éocène, notre éloignement n'explique pas moins bien son retrait. Un fait analogue, on le sait, s'était déjà produit dans le cours de la période jurassique ainsi que lors de celle de la craie. Nous verrons le recul tertiaire se prononcer de plus en plus avec le pliocène, à mesure que nous nous relèverons vers le pôle.

Dans son ensemble, la végétation de la sous-période molassique est particulièrement riche et variée. Mais si elle accuse, dans un sens, une température toujours élevée, dans l'autre, elle n'en laisse pas moins voir la progression d'un refroidissement réel, ce qu'atteste la présence de plus en plus multipliée des plantes à feuilles caduques, notamment de celles qui, aujourd'hui encore, font l'ornement de nos contrées. Les fougères se rapprochent graduellement des formes actuelles. Les conifères appartiennent toujours aux types qui ont déjà été signalés : *sequoia*, *taxodium*, etc. Quant aux palmiers, ils ne se retrouvent plus guère qu'à l'état d'exception. Par contre les bouleaux, les ormes, les charmes, les saules, les aulnes, les platanes sont partout, et, pour ce qui est des peupliers, ils n'ont jamais été plus nombreux.

Les saisons auraient eu, a-t-on dit, beaucoup d'uniformité, en ce sens que les hivers auraient été très doux et les étés pluvieux. La distribution des mers a pu assurément y être pour quelque chose ; mais notre abaissement en latitude en aurait, sans aucun doute, été la principale cause, à laquelle la précession aurait ajouté sa propre action. L'uniformité ne se serait, en tout cas, nullement étendue à l'ensemble de la sous-période. Ce

qui le prouve, c'est la diversité même des types offerts
par les gisements. D'une part, en effet, les formes sont
nettement tropicales, alors que de l'autre, elles sont
propres à des climats simplement tempérés. Or, c'est
justement ce que devait amener, ici comme ailleurs, non
pas simultanément, mais alternativement, le balancement précessionnel, et l'excentricité d'alors nous conduit aussi très exactement à ces mesures.

De nombreuses traces de la végétation molassique
nous sont restées. La Bohème, la Bavière, la Styrie, la
Hongrie, l'Italie, Menat (en Auvergne), le Mont-Charray
(en Ardèche), Œningen (en Suisse), en possèdent. Mais
Œningen est, de beaucoup, la plus importante de ces
localités. Il nous suffira de nous y attacher.

Œningen est situé près de Schaffhouse, un peu au-
dessous du 48ᵉ parallèle. Mais sa latitude, à l'époque où
se constituaient les dépôts qui l'ont rendu célèbre, eût
été celle du 36ᵉ ou du 37ᵉ degré. Ce n'est pas tout. Avec
l'excentricité assez forte qui s'est renouvelée alors, celle
d'il y a 750,000 ans (0,0575), la région serait arrivée à
la température moyenne du 23ᵉ parallèle, pour remonter
à celle du 51ᵉ. Nous savons bien que M. Heer a admis
que la moyenne thermique d'Œningen aurait été de
19 degrés centigrades; mais, pour la trouver, il n'a pu
que rapprocher les extrêmes, comme cela a eu lieu, du
reste, dans tous les autres cas du même genre, et cela
n'a pu le conduire à la réalité même des situations
prises isolément. Les véritables températures de la localité en question auraient donc été, selon les phases, de
22 à 23 degrés, pour les époques de chaleur, et de 10 à
11 degrés, pour celles de refroidissement. Ces chiffres
ne nous donnent pas, il est vrai, une moyenne générale
absolument identique à celle déterminée par M. Heer.

Ils en fournissent du moins les éléments. Rien ne prouve, au surplus, que la flore aurait embrassé l'intégralité de la phase de froid.

Une chose qui est bien de nature à montrer que ces réunions de plantes à affinités si divergentes n'ont rien d'accidentel, ni de local, c'est qu'on les retrouve à peu près dans tous les gisements. Nous avons déjà eu à faire observer que certains genres sont sûrement exclusifs des autres, dans quelques conditions qu'ils aient pu se trouver placés. Pour que leurs restes se soient ainsi rapprochés, il faut bien que les mêmes lieux aient passé par des alternatives successives, et quelle autre action que celle de la précession, se renouvelant et se modifiant sans cesse, selon l'excentricité, pourrait mieux nous faire comprendre ces changements ?

Nous n'avons eu qu'exceptionnellement à recourir à la faune pour en tirer des indications pouvant nous éclairer plus complétement sur la réalité de nos grands mouvements de température. Nous pouvons le faire avec quelque opportunité relativement au miocène supérieur. Dans les dépôts du Gers ont été recueillis les ossements d'un singe. Le climat du Gers n'aurait pu être très supérieur à celui d'Œningen. Qui pourrait prétendre que des singes se seraient accommodés de la température indiquée par M. Heer ? Celle de la zône tropicale à laquelle Œningen serait parvenu, ne leur eût-elle pas, au contraire, été tout-à-fait favorable ? Des singes ont aussi été retrouvés à Pikermi, en Grèce, dans un gisement qui a été rangé sur le même horizon géologique que celui d'Œningen, et qui a en outre fourni des restes de girafes. Sans changement dans les latitudes et avec la seule différence de 10 degrés qui existe de nos jours entre Schaffhouse et Athènes, la moyenne climatérique du premier de ces points ne nous expliquerait peut-être pas non plus très complétement leur présence sur le second. Avec nos données, Pikermi serait descendu jusqu'au delà de la ligne des tropiques (22e parallèle), et, avec la précession, il aurait eu jusqu'à la chaleur du 9e, ce qui ne l'aurait pas empêché, dans le mouvement inverse, de remonter aussi jusqu'au climat du 36e, oscillation qui, comme pour les flores, rend d'autant mieux compte de la diversité des espèces qu'il a possédées.

Nous avons maintenant à nous demander ce que sont devenues les végétations polaires, si opulentes encore dans la sous-période précédente. Quelques-uns de leurs vestiges pourraient, nous l'avons dit, se rattacher au miocène supérieur. Mais, pour le Groënland, il est certain qu'après la grande excentricité d'il y a 850,000 ans, qui a tant influé sur les mouvements thermiques de l'époque, ce point ne pouvait plus guère avoir qu'une flore tout-à-fait déchue. Avec l'excentricité encore forte d'il y a 750,000 ans, qui est celle à laquelle Œningen se rapporte, l'île de Disko aurait bien encore eu la moyenne climatérique du 65e parallèle, mais seulement pendant un laps de temps relativement très court et cela n'eût pas suffi pour y ramener une partie quelconque de la végétation que le mouvement contraire avait dû forcément en éloigner. Après cette exentricité d'il y a 750,000 ans, les situations les plus avantageuses auraient encore été, pour l'Islande, celle du 59e parallèle, et pour le Spitzberg, celle du 53e, et il est certain que le pliocène même aurait pu, surtout sur ce dernier point, laisser encore des traces plus ou moins abondantes. Mais les époques n'ont nulle part marqué leur passage sans interruption. Quoiqu'il en soit, le moment approchait où toute possibilité de végétation allait disparaître

de l'ensemble de cette partie de notre zòne arctique.
Les glissements polaires, dont nous suivons la marche
pas à pas depuis la fin de l'éocène, nous y avaient
conduits lentement mais sûrement. Nous avons déjà eu
à le faire observer, le lieu qui a pu posséder le plus
longtemps des plantes, dans cette partie de notre hémisphère, si une terre y a existé alors, est justement celui
que le pòle occupe aujourd'hui. Mème au début du
quaternaire, il se serait encore trouvé sous le 63e parallèle. Mais les découvertes s'étendront-elles jusque-là et
viendront-elles jamais nous apporter les confirmations
que nous pourrions y trouver ?

8° Pliocène.

Nous avons dit que la mer de la Molasse a pris fin
avec le miocène et que son retrait a commencé par le
nord. Sa marche est facile à suivre. Elle abandonne
d'abord la plaine helvétique pour se confiner, d'un côté,
dans la vallée du Rhòne, et, de l'autre, dans celle du
Danube. A ce moment, la vallée du Pò était encore im-
mergée jusque dans le Piémont. Mais peu à peu ces
mers intérieures se rétrécissent elles-mêmes et perdent
en profondeur aussi bien qu'en étendue. La Belgique et
la còte occidentale de l'Angleterre avaient vu disparaître leurs golfes. L'Italie centrale commence à se dégager à son tour. L'abaissement des mers se prononce
de plus en plus. La vallée du Rhòne devient libre jusqu'auprès de Valence. Après, c'est le sol de Montélimar
qui apparaît. Jusque-là c'était toujours le miocène qui
durait. A partir de ce moment nous entrons dans le
pliocène. Mais avec la nouvelle période le recul continue.
Il se marque, en Italie. dans les couches subapennines,

puis dans quelques-uns des dépôts de la Sicile. Enfin, le Sahara s'exonde. C'est le dernier terme, et il ne devait pas être dépassé.

Il nous semble que rien ne saurait être plus incontestable que ce retrait progressif des mers vers l'équateur, lors du miocène d'abord et pendant le pliocène ensuite. Quelques indications suffiront pour montrer que ce mouvement concorde en tous points avec nos déplacements polaires. Lors du miocène supérieur, à l'époque d'Œningen, Paris, qui avait dû descendre, à la fin de l'éocène, jusque sous le 35ᵉ parallèle, n'aurait déjà plus occupé, nous l'avons dit, que le 41ᵉ. Sa situation, au commencement du pliocène, aurait été celle du 43ᵉ, et, à sa fin, il se serait trouvé relevé jusque vers le 57ᵉ, pour arriver au 65ᵉ dans le milieu de l'époque quaternaire. La rétrogradation des mers a été lente tout d'abord. Les différences en latitude se prononçaient peu. Elle s'est opérée plus rapidement ensuite. Ces mêmes différences s'accentuaient davantage, et, à la fin, les écarts, devenus considérables, nous mettent en présence de l'abandon de toute la partie septentrionale de l'Afrique. Les corrélations ne sauraient, nous semblet-il, être plus complètes. Mais ce qui vient encore ajouter à cette harmonie, c'est l'abaissement corrélatif de la température, que nous allons retrouver dans les flores. Nous ne voulons pas dire, bien entendu, qu'aucune recrudescence de chaleur ne serait plus survenue dès le pliocène. La précession a nécessairement continué à lui apporter sa part d'action, et si elle a aggravé sensiblement certaines situations, elle a eu aussi de réels adoucissements pour d'autres. Mais elle-même, à partir d'alors, ne pouvait plus rendre à nos contrées, en raison de ce qu'était déjà leur relèvement vers le pôle, les températures extrêmes qu'elle leur avait précédemment values.

Reprenons notre étude des végétations. L'ère actuelle va s'y montrer désormais avec la généralité de ses types et les ressemblances seront d'autant plus complètes que nous nous rapprocherons davantage des mêmes hauteurs polaires combinées avec les mêmes influences précessionnelles.

La période a été précédée d'un âge intermédiaire qui a reçu le nom de mio-pliocène. A ce niveau, qui est celui des couches à congéries, se rattache une partie des formations du bassin de Vienne, en Autriche, celles-là qui se superposent immédiatement à l'étage sarmatique, de même que les dépôts de Stradella et de Sinigaglia, en Italie.

Aussi bien que les palmiers, les camphriers ont disparu des environs de Vienne ; mais un sequoia s'y maintient et on y trouve de plus de vrais bambous. Une différence assez sensible existe donc ici comparativement à Œningen. A Stradella, les camphriers continuent à se laisser voir et à Sinigaglia les palmiers ont même encore des représentants. De ce côté, c'est le même état qui persiste. Vienne se serait trouvée alors vers le 36ᵉ parallèle, Stradella vers le 38ᵉ et Sinigaglia vers le 34ᵉ. Mais après le mouvement précessionnel qui aurait procuré à Œningen la température que nous y avons vue, d'autres, moins favorables, par suite de la diminution de l'excentricité, se sont produits et c'est à ceux-là que seraient dues les flores dont nous nous occupons. Seulement, celles de l'Italie seraient le résultat d'un maximum de chaleur, tandis que celle de l'Autriche ne se serait manifestée que vers un minimum. Dans ces conditions,

Sinigaglia aurait pu avoir la moyenne climatérique du
26ᵉ parallèle, Stradella, celle du 30ᵉ et Vienne aurait pu
n'avoir même que celle du 44ᵉ. De toute façon, on le
reconnaîtra, ce n'est pas la différence des latitudes
actuelles entre ces diverses localités qui aurait pu seule
diversifier à ce point les situations qui s'y sont produites.

Les flores dont il vient d'être question, sont loin d'être
les seules qui se rattachent au même âge. Il y a aussi à
noter celles de Saint-Fonds et de la Tour-du-Pin, dans
l'Isère. Mais nous n'avons guère à en retenir que ceci :
c'est que le hêtre pliocène s'y révèle et que nous touchons bien par là au pliocène proprement dit.

Les végétations de Vaquières, dans le Gard, et de
Meximieux, dans l'Ain, non loin de Lyon, arrivent tout
d'abord dans la série de celles du pliocène. La première
ne s'accentue que dans un sens : les types qui y ont été
recueillis, ne montrent que des tendances vers un climat
chaud. Leurs homologues existent actuellement au
Japon, ou en Chine, ou encore en Syrie et sur les bords
du Nil. La seconde, beaucoup plus plantureuse et qui se
serait composée d'une vaste forêt, aurait ressemblé, dit
M. de Saporta, à celles que possède de nos jours l'archipel des Canaries. Ce sont, en partie du moins, les mêmes
essences, mais avec plus de profusion, et, pour se rendre
plus complétement compte de l'ensemble, il faudrait,
ajoute le même savant paléontologiste, joindre l'Amérique du Nord aux Canaries et l'Europe moderne au
Caucase et à l'Asie Orientale.

Au nombre des plantes de Meximieux, se trouvent
une taxinée, un chêne-vert, (*quercus precursor*, sap.),
plusieurs laurinées, des érables des noyers, un tilleul,

(*Tilia expansa*, sap.), des viornes, et, parmi les essences qui recherchent l'humidité, le platane, le tulipier, le magnolia, notre peuplier blanc, notre laurier rose, enfin, et pour ne pas pousser plus loin cette nomenclature, un bambou, celui de Vienne (*B. Lugdunensis*, sap.) qui s'était multiplié partout le long des eaux.

Une seule et même phase précessionnelle aurait donné naissance à la végétation de Vaquières. Celle de Meximieux aurait vraisemblablement embrassé partie d'une autre phase. La diversité de ses formes ne laisserait que peu de doutes à cet égard. C'est à l'excentricité d'il y a 600,000 ans (0,0417) qu'il faudrait les faire remonter l'une et l'autre. La région de Lyon serait alors arrivée jusqu'aux moyennes de température du 40e parallèle et le Gard aurait atteint jusqu'à celles du 39e. D'après M. de Saporta, la végétation de Meximieux accuserait une moyenne de 18 degrés centigrades. Nous n'en resterions pas très éloignés. Une distribution climatérique analogue à celle d'aujourd'hui, si elle s'était alors déjà produite, nous conduirait même au-delà. A notre époque, sous le 40e parallèle et dans la propre direction de nos méridiens, n'avons-nous pas une température qui atteint presque à ce niveau? Ce qu'il y a du reste aussi à faire observer, c'est que les deux localités auraient constitué des stations très abritées, la dernière surtout, et que leur végétation n'aurait pu qu'en bénéficier.

L'Auvergne nous offre d'autres exemples de végétations datant de la même époque et elles se justifient de la même façon. Au Pas de la Mougudo, au sud du Cantal, l'ensemble révèle des affinités se rapprochant de celles qui caractérisent la flore de Meximieux. A Saint-Vincent, sur le versant septentrional, on trouve plus visiblement l'empreinte d'un abaissement thermique. Mais là, la différence a pu venir de la seule exposition et nous ne nous y arrêterons pas autrement. En tout cas, si une forêt de sapins a dominé le dernier de ces points, le Pas de la Mougudo aurait eu aussi les siens; car une partie de cône y a également été recueillie. Des froids se seraient donc également fait sentir dans son voisinage plus ou moins immédiat.

Ceyssac, dans le Velay, nous conduit un peu plus avant dans la période. Une partie des espèces observées dans le Cantal s'y retrouvent; mais les formes sont généralement grêles et trahissent l'influence d'une température qui n'est plus la même. Sa moyenne, au maximum, n'aurait peut-être plus été que celle actuelle du 42ᵉ parallèle. L'abaissement calorique s'est du reste attesté plus particulièrement sur d'autres points de la Haute-Loire où des restes de l'épicéa et même du mélèze se sont retrouvés. L'Allemagne, dès le même moment, avait vu aussi se répandre ces mêmes essences auxquelles l'if s'associait. C'est qu'en outre du mouvement polaire, il y avait les phases précessionnelles de refroidissement qui se marquaient de plus en plus, et dès l'excentricité d'il y a 600,000 ans, celles-là n'auraient guère laissé à Paris, sauf 50,000 ans plus tard, que des moyennes thermiques ne dépassant pas 5 ou 6 degrés. Sans doute, les flores ayant eu ce caractère n'ont laissé que peu de traces comparativement aux autres, mais ces dernières étaient depuis longtemps implantées sur notre sol et leurs éléments, malgré les atteintes qu'elles avaient à subir, ne pouvaient que se retrouver plus abondamment que les autres, quand les retours de chaleur se produisaient. Tous ces signes étaient autant d'avertissements que l'époque quaternaire approchait.

Le pliocène cependant n'avait pas encore pris fin et il nous reste à nous occuper de sa dernière partie.

Deux désignations ont été affectées à cette sous-division du pliocène. On l'a désignée sous le nom de nouveau pliocène, par opposition à la première qui a aussi reçu l'appellation de vieux pliocène, et sous celui de pléistocène qui lui a été donné par M. Alb. Gaudry.

Se rattachent notamment au pléistocène, une des localités de l'Hérault, Saint-Martial, et celle de Durford dans le Gard, la partie supérieure du val d'Arno et quelques-unes des couches de Norfolk, en Angleterre. C'est l'âge de l'*Elephas meridionalis*, de l'*Elephas antiquus*, du *Rhinoceros leptorinus*, du *Rhinoceros Merkii*, de l'*Hippopotamus major*, et la présence de l'une ou l'autre de ces espèces sur les points explorés suffit pour ne laisser aucune incertitude sur leur niveau géologique. Or, des ossements leur ayant appartenu, ont été fournis par chacun des gisements en question. Leur classification est donc positive.

Le gisement de Saint-Martial a offert des cônes se rapportant au groupe de notre pin d'Alep, mais avec une affinité très réelle vers le *Pinus Paroliniana*, Carr., race qui habite de nos jours quelques-unes des vallées des Pyrénées. Les marnes de Durfort montrent plusieurs espèces de chène et quelques autres plantes, derniers vestiges du miocène. Les principaux chènes de Durfort ont été identifiés avec des espèces trouvées, les unes dans l'Italie méridionale, les autres, en Espagne et en Portugal. Dans les couches supérieures du val d'Arno, ce sont des cônes de *Glyptrostobus europæus* qui ont été recueillis et il faut aller actuellement au nord de la Chine ou du Japon, pour rencontrer des représentants de cette famille. Avec ces restes nous sommes toujours dans les phases précessionnelles de réchauffement, et si la faune de Norfolk nous y place également, sa flore, du moins ce que nous en connaissons, se montre, au contraire, avec des caractères qui s'accentuent dans l'autre sens. Le *Forest-bed* contient des cônes du sapin argenté, du pin sylvestre et du *Picea excelsa*. Le pin des montagnes, l'if commun, le noisetier commun et quelques autres espèces y ont de plus été signalés. Ce qu'il y a surtout à considérer ici, c'est que le pin des montagnes et les sapins ont même aujourd'hui quitté le sol de l'Angleterre. A l'époque où ils y existaient, la Grande-Bretagne n'avait donc pas même le climat qu'elle possède actuellement. Mais d'autres constatations révèlent beaucoup plus nettement ce qu'étaient déjà, à ce moment, les revirements précessionnels.

Nous avons vu que, dans le cours du miocène inférieur, les glaciers avaient pris chez nous une extension assez considérable, et nous en avons montré la cause dans la grande excentricité d'alors. Le même fait s'est reproduit avec l'excentricité du miocène supérieur, et un semblable phénomène est de nouveau survenu vers le milieu du pliocène. Ce dernier se rattacherait à l'excentricité d'il y a 600,000 ans, à celle-là même qui, dans le mouvement précessionnel inverse, aurait encore valu à Meximieux et à Vaquières le luxe de leur ancienne végétation. Malgré l'importance relativement modérée de cette excentricité, mais en raison de sa position plus relevée en latitude, Paris aurait eu alors jusqu'aux froids du 60ᵉ parallèle, et c'est à partir de cette époque que les phases de refroidissement se sont maintenues avec des rigueurs déjà marquées. Immédiatement avant le temps auquel nous avons fixé les commencements du quaternaire, Paris serait même arrivé jusque vers une moyenne plus basse encore. Ce sont du reste ces phases que les dépôts mêmes de la côte de Norfolk mettent dans une complète évidence.

A Schillesford, on a obtenu de nombreuses coquilles marines, et la plupart dénotent un caractère, non pas seulement septentrional, mais même arctique. Les lits de Schillesford sont plus anciens que le *Forest-Bed*. Antérieurement à la végétation qui l'a constitué et à la faune qui y a laissé ses restes, les Iles Britaniques auraient donc passé par des froids très accentués. A Bridlington, on a découvert un autre dépôt à peu près du même âge que les lits de Schillesford. Là, sur 60 espèces de coquilles marines encore vivantes, 30 habitent aujourd'hui les régions arctiques et aucune ne se retrouve dans les mers anglaises du sud. Alors que Paris avait les froids du 62ᵉ parallèle, Schillesford et Bridlington, à peu près à la même hauteur en latitude, auraient eu ceux du 64ᵉ. Déjà, du reste, lors du crag rouge de Suffolk, qui appartient au vieux pliocène, pareil affaiblissement de température s'était manifesté. Les coquilles les plus abondantes qui y sont restées, font partie, en effet, de certaines sections des genres *Fusus*, *Buccinum*, *Purpura* et *Thracus*, qui sont spéciales à des latitudes plus hautes. Fréquemment nous avons eu à montrer ces oscillations climatériques. Elles se prononçaient de plus en plus dans le sens des froids, en raison de notre rapprochement polaire et l'incontestabilité absolue de ces dernières vient corroborer les autres.

Nous voilà parvenus au seuil des temps quaternaires. Les siècles se sont ajoutés aux siècles; les époques ont succédé aux époques, et la longue suite des événements géologiques et cosmiques nous a mis ainsi aux portes d'une ère nouvelle. Nous avons vu les froids approcher lentement, mais sûrement, depuis le miocène, laissant de différents côtés les empreintes positives de leur marche. Les adoucissements seront désormais les exceptions. Une fois déjà nous avons essayé de pénétrer dans les ténèbres quaternaires. De nouveau nous allons le faire. Si nous avons pu jeter quelque lumière dans cette ombre, il nous semble que nous n'y reviendrons pas sans que quelques autres rayons ne s'ajoutent à nos premières clartés.

FLORE QUATERNAIRE.

L'étude que nous avons précédemment consacrée à l'époque quaternaire a eu surtout pour objet les mouvements de la faune comparés à ceux de la climatologie, et c'est à l'homme que nous nous sommes particulièrement adressé. Nous l'avons montré avançant ou reculant selon les circonstances et nous avons fait voir comment ses migrations, de même que celle des animaux au milieu desquels il vivait, ont toujours été en rapport avec nos actions. C'est la flore qui doit principalement nous occuper ici. Nous resterons dans notre sujet. Malgré l'insuffisance des éléments, les inductions auxquelles nous conduiront nos rapprochements, n'en paraîtront peut-être pas moins dignes d'attention.

Que n'a-t-on pas dit de l'époque quaternaire? Les uns n'y ont vu qu'une suite non interrompue de froids rigoureux. Les autres, admettant à peine les froids, ne la considèrent guère que comme une longue période d'humidité ayant permis à la fois aux plantes et aux animaux du plus extrême nord et du midi de vivre ensemble et en quelque sorte côte à côte. Nier les réchauffements intermédiaires, c'est aller contre l'évidence. Répudier les grands froids alternatifs n'est pas plus fondé. L'époque dont il s'agit a été ce qu'ont été toutes les autres. Elle a été faite d'intermittences, et, si elle s'est surtout accentuée, pour nous, dans le sens des froids, ce n'est que parce que, occupant alors une situation polaire beaucoup plus rapprochée qu'auparavant et qu'aujourd'hui, l'Europe devait, de toute façon, en éprouver beaucoup plus particulièrement les conséquences.

Pour nous, l'époque quaternaire s'est ouverte avec l'excentricité d'il y a 500,000 ans (0.0388). A ce moment les États-Unis voyaient disparaître leurs basses températures. Favorisés plus tôt que nous par le réchauffement tertiaire, ils avaient aussi subi plus tôt les froids qui nous envahissaient ; mais ils en étaient enfin quittes alors seulement que nous allions les éprouver. Nous avons déjà eu à montrer des preuves de cette antériorité relativement au paléocène. Pour le quaternaire, c'est surtout par les restes du grand mastodonte qu'elle nous paraît s'affirmer. Les débris du gigantesque proboscidien se retrouvent, en effet, aux États-Unis, jusque dans les formations post-glaciaires. Désormais avantagé de ce côté par la renaissance des chaleurs, il a pu s'y répandre et y vivre lorsque l'Europe voyait disparaître ses congénères. Lors même que la contemporanéité ne serait pas absolue, sa présence, dans l'Amérique septentrionale, n'en conserverait pas moins la signification que nous lui attribuons et que corroborent, du reste, beaucoup d'autres indices.

Marquée par l'apparition du mammouth, ce n'est pas par une phase de froid que l'époque quaternaire aurait commencé pour nous, mais par une de ses principales phases de chaleur. Très-peu abondante dans les derniers temps du pliocène, en raison justement d'une situation d'excentricité plus faible, la végétation n'avait pu que retrouver une nouvelle vigueur dans le revirement qui se produisait. Nous allons la voir, en effet, se manifester de divers côtés avec une sorte de profusion qu'elle n'avait déjà plus et qu'elle devait bientôt perdre de nouveau pour ne la retrouver, cette fois, que beaucoup plus tard.

A la date à laquelle nous nous plaçons, se rapportent les tufs de Meyrargues et des Aygalades, dans les Bouches-du-Rhône, ceux des Arcs et de Belgencei, dans le Var, ceux de Kanstadt, dans le Wurtemberg, et enfin ceux de la Celle, près de Moret, dans les environs de Paris. Les empreintes que ces dépôts nous ont conservées, vont nous révéler ce qu'étaient les plantes qui croissaient dans le voisinage des sources auxquelles ces dépôts sont dus.

A Meyrargues poussaient le chêne rouvre à glands sessiles de Provence, le pin de Montpellier, le laurier quaternaire, assimilable à celui des Canaries, le figuier, la vigne, l'érable à feuille d'obier, qui est resté local, le furtet. Aux Aygalades, c'étaient également le pin de Montpellier, le figuier, le laurier des Canaries, mais de plus le micocoulier, un noisetier, le laurier-tin, l'aubépine, le framboisier et le pomastre. Les Arcs possédaient, comme les deux premières de ces stations, le pin de

Montpellier et le laurier des Canaries. Là, en outre, le saule cendré se rencontrait. A Belgencei, c'est l'orme à larges feuilles qui a attesté sa présence ainsi que le *Tilia platyphylla*, L., et le frêne à la manne actuellement indigène en Corse. Kanstadt avait le *Quercus peduncula*, Ehrh., le *Quercus mammouthi*, Hr. différant peu du chêne rouvre à glands sessiles, le *Merpilus pyracantha*, L., ou buisson ardent, actuellement plus méridional. Mais c'est la flore de la Celle qui est surtout intéressante. Au figuier et au laurier (*Laurus nobilis*, L.) se joignent là, entre autres espèces, le gainier, le saule fragile, le saule cendré, le *Populus canescens*, Sm ; le *Corylus tubulosa*, Wild., qui habite aujourd'hui l'Allemagne du Sud et l'Istrie, l'érable faux sycomore, le lierre et le *Buxus sempervirens*, L.

La végétation des tufs provençaux ne donne pas une idée bien différente de celle que la région possède de nos jours. Il n'en est pas tout-à-fait de même de celle de Kanstadt et principalement de la flore de la Celle. Nous nous attacherons surtout à cette dernière, en nous aidant, comme nous l'avons fait plus d'une fois du reste dans le cours de ce travail, des recherches si judicieuses de M. de Saporta, à qui l'étude en est due.

Cinq des espèces recueillies à la Celle ne croissent plus spontanément dans la région de Paris : le *Laurus nobilis*, le *Ficus carica*, le *Buxus sempervirens*, l'*Evonimus latifolius*, et le *Cercis siliquastrum*. Le *Buxus sempervirens* ne dépasse plus maintenant le plateau de la Côte-d'Or ; l'*Evonimus latifolius* s'arrête au Jura ; le *Cercis siliquastrum* a la Drôme pour limite ; le *Ficus carica* ne sort plus de la Provence. Relativement au *laurus nobilis*, c'est à la partie la plus méridionale du Var que son aire est limitée. Il y a évidemment dans la présence de ces espèces la preuve, pour la Celle, d'un climat plus doux que celui d'aujourd'hui. Mais quelques-unes des autres espèces fournissent des indications qui ne sont pas absolument les mêmes. L'*acer pseudo-platanus*, qui ne dépasse pas, au midi, le massif alpin, n'est abondant qu'au centre et au nord de la France, en Suisse et en Allemagne. Le *Salix cinerea*, l'*Ulmus montana*, le *Fraxinus excelsior*, bien qu'appartenant de nos jours encore à la France centrale, se trouvent répandus jusqu'au fond de la Suède. De cet ensemble on a conclu que si le climat était très tempéré, il devait en même temps être très humide.

Au début de l'époque quaternaire, nous l'avons dit, Paris se serait trouvé vers le 57ᵉ parallèle. Mais le mouvement précessionnel, combiné avec l'excentricité de l'orbite, aurait été tel qu'il eût encore eu la moyenne thermique qui était alors celle du 48ᵉ parallèle, c'est-à-dire jusque près de 12 degrés centigrades. Seulement, cette moyenne ne se serait pas exactement constituée de la même manière. A des étés plus longs auraient succédé des hivers plus courts et ces derniers seraient restés d'autant plus cléments qu'ils se seraient présentés au périhélie, alors que les étés, en raison surtout de la latitude, se seraient eux-mêmes marqués par de moindres sécheresses. Nous aurions donc eu là, tout aussi bien que dans la généralité des autres cas, la situation voulue. Ce qui dénote bien, au surplus, que le figuier et le laurier n'exigent pas toujours une température élevée, c'est qu'on les rencontre actuellement, y compris le myrte, croissant librement même avec de belles proportions et mûrissant leurs fruits, le long des côtes de la Bretagne, jusqu'à Brest. Or, la latitude de Brest est presque égale à celle de Paris. Il est vrai que c'est le

voisinage du *Gulf-Stream* qui, ici, leur est particulièrement favorable. Mais avec les hivers adoucis d'il y a
500,000 ans, les conditions climatériques auraient pu
ne pas différer.

Dans une autre étude, nous avions admis que Paris,
à l'époque de la Celle, aurait pu se trouver un peu plus
abaissé vers le sud que nous ne l'indiquons ici. Cet
abaissement, au-dessous de notre chiffre actuel, n'est
même pas nécessaire à nos justifications, maintenant
que nous nous sommes mieux fixé sur sa flore et sur les
véritables conditions de son existence.

Le *Laurus nobilis* n'a pas été retrouvé que dans les
dépôts quaternaires de nos parages. Il a aussi laissé des
traces en Afrique, dans ceux de Tlemcen, de même que
l'*Alnus glutinosa* et le *Salix cinerea*, et ces restes, comme
ceux dont nous venons de nous occuper, ont été rappor-
tés aux premiers temps de l'époque. Ce ne saurait être,
en tout cas, à la même phase précessionnelle qu'ils
auraient appartenu. Tlemcen se serait sans doute trouvé
alors, sous le 43ᵉ degré de latitude ; mais, comme Paris,
il aurait eu un peu plus que sa moyenne de température
d'aujourd'hui, et le saule cendré n'aurait certainement pu s'en accommoder. Le revirement qui a immédiatement suivi, lui aurait, par contre, parfaitement
convenu. Peut-être d'ailleurs les plantes en question
n'auraient-elles existé en Algérie que plus tard et
séparément. Cette région se rapprochait du pôle dans la
même mesure que la nôtre et d'autres phases les y
auraient tout aussi bien favorisées. Quoiqu'il en soit,
c'est immédiatement après la phase de chaleur d'il y a
500,000 ans que l'Europe serait définitivement entrée
dans ses froids glaciaires. Jusqu'ici, en effet, rien n'est
venu révéler que sa végétation, forcément atteinte par

les rigueurs thermiques qui se succédaient, se fût maintenue, du moins avec une abondance quelconque, et ce
n'est que l'âge de la Madelaine qui, beaucoup plus tard,
avec la forte excentricité dont il a été contemporain
et qui l'a caractérisé, nous en offrira de nouvelles
traces (1).

Un gisement que nous n'avons pas mentionné plus
haut et que nous ne saurions passer sous silence, est
celui d'Utznach dans le canton de Zurich. Un dépôt
de lignite existe sur ce point et il présente ceci de remarquable qu'il se trouve intercalé entre deux amas glaciaires.
L'Eléphas méridionalis et le grand ours y ont laissé des
ossements. La date à lui assigner est donc, à n'en pas
douter, celle de la végétation principale des environs de
Moret. Mais la phase de refroidissement qui avait précédé et celle qui a suivi, se sont marquées là d'une manière
indiscutable et mieux encore que les alternatives de
même nature qui déjà s'étaient empreintes dans les
couches de la côte de Norfolk. Il y a plus, et c'est à M. Heer
lui-même que la constatation en est due, d'après
l'étude des restes, au début de la formation, la chaleur
allait croissant; dans la seconde partie elle allait au contraire, en diminuant. Aucune autre constatation ne saurait mettre plus pleinement en lumière l'action précessionnelle, d'un extrême à l'autre.

L'existence d'un dernier palmier, le *Chamerops humilis*

---

(1) Les dépôts de la Celle sont formés de couches qui ne sont
pas absolument contemporaines. Les restes qu'on y recueille,
appartiennent aussi à des dates différentes. Ils pourraient se
rapporter à deux de nos phases précessionnelles de réchauffement,
la seconde plus faible que la première. Les écarts qui apparaissent
dans les affinités des plantes dont ils recèlent les vestiges, pourraient surtout avoir là leur origine.

a été signalée dans les travertins des îles Lipari, et on l'a
considéré comme pouvant être un peu postérieur aux
derniers dépôts tertiaires. Il aurait pu aussi être contemporain d'une partie de la flore de la Celle et de celle
d'Utznach. Les îles Lipari n'auraient guère eu non plus
alors que leur chaleur moyenne d'aujourd'hui ; mais
leurs hivers auraient aussi été plus doux, et un retour
d'Afrique de cette espèce, par la Sicile qui n'en était
vraisemblablement pas encore détachée, n'aurait rien eu
d'impossible, surtout si on considère ce qu'elle était. De
toute manière, elle n'aurait pu, précédemment, qu'en
avoir déjà été éloignée.

La phase de refroidissement qui a succédé au réchauffement dont nous venons de voir les effets, n'aurait pu
laisser mieux à la région de Paris que la température normale du 63ᵉ parallèle, équivalant au plus à la moyenne
de 2 degrés centigrades, et l'on comprend l'action
d'un pareil climat sur ce qui avait pu subsister de l'ancienne végétation. Les retours d'adoucissement qui ont
suivi, se prononçaient de moins en moins et les plantes
repoussées ne pouvaient que plus difficilement regagner
leur ancien domaine. Les types les plus résistants devaient cependant reparaître. Le mammouth, le rhinocéros à narines cloisonnées, le cheval et les autres grands
herbivores qui fréquentaient alors nos parages, n'auraient pu y vivre s'ils n'y avaient pas trouvé l'alimenta-
tion dont ils avaient besoin. Mais le règne végétal,
évidemment très appauvri dans son ensemble, ne pouvait que différer beaucoup de ce qu'il avait été précédemment. La grande excentricité d'il y a 210,000,000
ans (0,0575) lui a certainement rendu une plus large
part de sa richesse disparue. Paris aurait, en effet, retrouvé alors un climat analogue à celui actuel des rivages

méridionaux de la Baltique. Mais, à cette époque aussi, et seulement 10,500 ans plus tard, il aurait repassé par des froids qui ont compté parmi ses plus rigoureux. Déjà, à ce moment, l'Europe occidentale avait recommencé son mouvement de recul par rapport au pôle. La précession ne l'aurait pas moins rejeté jusqu'à la moyenne climatérique du 69ᵉ parallèle, c'est-à-dire jusqu'à celle de 5° 7 au-dessous de zéro (1). Peu à peu les fluctuations s'améliorèrent. Les phases d'adoucissement se prononçaient de plus en plus. Celles de froid, grâce au mouvement polaire, diminuaient surtout sensiblement d'intensité. Une autre excentricité, celle d'il y a 100,000 ans, survint. C'est celle-là qui nous a enfin ramenés à de réelles chaleurs. Pour en retrouver d'équivalentes, il faut remonter presque jusqu'au pliocène, et nos valeurs thermiques d'aujourd'hui ne les égalent même pas. Mais le même âge, ici encore, devait avoir et a eu sa recrudescence de froids. Ceux-là, heureusement, ont été les derniers. De faibles excentricités avaient leur tour, et si elles ne nous ramenaient pas aux réchauffements passés, elles étaient loin, du moins, de nous rendre les mêmes congélations.

Jusqu'à présent, aucune découverte n'est venue nous apprendre ce qu'a été, chez nous, au point de vue végétal, cette longue suite de siècles entre l'excentricité d'il y a 500,000 ans, qui a ouvert l'ère quaternaire, et celle d'il y a 100,000 ans, qui l'a close. Mais, à défaut de la flore, il y a la faune et les inductions qu'il y a à en tirer, ne sont pas moins explicites. Le cheval, l'aurochs,

---

(1) Nous avions précédemment attribué plus d'acuité aux froids précessionnels d'il y a 200,000 ans. Nous donnerons plus loin les motifs de cette rectification.

le mammouth, le rhinocéros, le grand ours, n'ont pas seuls, dans ce long intervalle, habité nos régions ; le renne s'y est répandu ainsi que d'autres espèces beaucoup plus arctiques encore. Eux-mêmes ne nous fournissent-ils pas, et tout aussi bien que les plantes, la preuve de ce que le climat était devenu dans son ensemble ? Mais des restes, datant de la dernière de ces époques, sont venus combler la lacune en ce qui la concerne, et le double témoignage qu'ils nous offrent, est particulièrement significatif.

Dans les tufs de Saint-Antonin (Bouches-du-Rhône) on a recueilli les vestiges de diverses plantes : trois chênes, le *Quercus sessiflora, Q. pubescens*, Wild, *Q. ilex*, L., une vigne, un térébinthe, un lierre et la ronce. Nous sommes là, sans aucune espèce de doute, en présence d'une végétation propre aux régions tempérées. A Schussenried, dans le Wurtemberg, on a eu à reconnaître l'existence d'espèces qui, bien éloignées de celles-là, ne se rencontrent plus aujourd'hui qu'au-delà du cercle polaire ; et ce qui a encore ajouté à leur caractérisation, c'est qu'elles étaient accompagnées d'os de renne, d'ours arctique et de renard polaire. Le climat, sur ce point, était donc absolument différent de l'autre. Cependant, il s'agit bien du même âge, de celui de la Madelaine, puisque, des deux côtés, des silex taillés et divers instruments s'y rapportant se trouvaient mêlés aux autres restes. C'est une nouvelle confirmation de nos oscillations précessionnelles. Mais ce n'est pas en cela seulement que le double fait en question nous est favorable, c'est aussi au point de vue de l'accentuation même des phases survenues. Il y a 105,000 ans, Paris devait être revenu, à un ou deux degrés près, à sa situation en latitude des débuts du quaternaire. Il devait

toucher au 55e parallèle. Mais la précession, avec l'excentricité du moment (0,0473), lui aurait dispensé jusqu'aux chaleurs actuelles du 47°, et il y a 95,000 ans,
sous l'influence opposée, elle l'eût ramené jusqu'aux
froids du 68°. La concordance ne saurait guère se retrouver plus complétement ni dans un sens ni dans
l'autre (1).

Quel rôle le Sahara, le *Gulf-Stream* et les Alpes ont-
ils joué relativement à l'état climatérique de l'Europe à
l'époque dont il s'agit? Dans un dernier mémoire, nous
avons montré que leur influence n'a pu être que tout-à-
fait secondaire et nous n'insisterons en rien sur ce point.
Nous nous bornerons à ajouter que les montagnes de la
Scandinavie, contrairement à l'opinion récente d'un
géologue allemand, n'auraient pas agi et n'auraient pu
agir plus efficacement. Ce ne sont évidemment pas non
plus ces autres Alpes qui auraient aidé beaucoup au développement glaciaire, bien plus considérable que le
nôtre, qui a pesé sur les Etats-Unis. Pour ce qui est du
Sahara, il se peut, comme on l'a aussi avancé, que les
changements qui se sont produits dans ses conditions
météorologiques soient dus en partie à l'alizé qui, passant par des régions plus ou moins sèches ou humides,
y aurait apporté ou la sécheresse ou l'humidité dont il
s'était pénétré. Il ne faudrait, en tout cas, pas perdre de
vue que les alizés, qui occupent, des deux côtés de l'é-
quateur, une ligne en quelque sorte parallèle, ne sont

(1) Peut-être la phase précessionnelle d'il y a 95,000 ans ne nous
conduirait-elle pas absolument à la température de Schussenried.
Cette température nous serait, en tout cas, amplement donnée par
l'une ou l'autre des phases qui auraient dépendu de l'excentricité
d'il y a 200,000 ans, à laquelle se serait aussi étendu l'âge de la
Madelaine, et la justification n'en serait pas moins complète pour
nous.

pas seulement influencés par l'action précessionnelle, sans parler ici des influences secondaires; que, de plus, sans se déplacer par rapport à l'équateur, ils doivent, par suite de nos glissements, s'étendre à des régions fort distantes en latitude. De toute façon, ce n'est sûrement pas un changement quelconque dans la direction du nôtre qui nous aurait seul valu nos froids quaternaires. L'influence qui s'est exercée alors, relativement à nous, est bien moins, en effet, celle de l'équateur que celle du pôle.

D'autres faits appellent notre attention.

Nous avons vu les Alpes du Dauphiné se constituer à l'époque du miocène inférieur, c'est-à-dire au moment où se produisait la grande excentricité d'alors. Les Alpes principales sont apparues, à leur tour, dans un temps qui correspond à l'excentricité, également considérable, du milieu des temps quaternaires. Nos actions, sans parler des soulèvements intermédiaires survenus dans des conditions analogues, ne se retrouvent-elles pas, cette fois encore, tout aussi bien et tout aussi clairement en cela que dans les changements en latitude rendus si évidents par le mouvement des végétations? Lors du miocène, les épanchements de basalte abondent. A l'époque de nos grands froids, nos volcans et ceux d'Allemagne reprennent toute leur activité, qu'ils n'ont peut-être perdue qu'après l'excentricité d'il y a 100,000 ans. C'est une autre et réelle affirmation en notre faveur (1).

Ce qu'il nous faut faire voir aussi, c'est la probabilité d'une de ces déviations polaires dont nous avons parlé

(1) D'anciens volcans viennent également d'être découverts dans le Sahara, et, datant des mêmes époques, ils auraient, pour nous, la même signification.

et que nous avons invoquées surtout au sujet des végétations infra-jurassiques du Tong-King. Celle-ci aurait
coïncidé avec le dernier soulèvement des Alpes. Les immersions glaciaires nous fournissent des indications pré-
cises relativement au balancement de la croûte terrestre
par rapport aux pôles (1). Elles n'ont pu se produire
que dans les limites mêmes de l'aplatissement. Celles de
l'Angleterre qui, avec notre trajectoire, auraient dû
s'étendre jusqu'au milieu de la Manche, se sont limitées
au canal de Bristol. Soit en raison de la puissance même
des attractions qui se sont alors exercées, soit par suite
des grands changements de niveau survenus, la direction
des glissements se serait donc modifiée quelque peu. A
ce moment, la côte orientale du Groënland, vers le
73e parallèle, devait se trouver très près du pôle.
Après avoir éprouvé un mouvement particulier qui l'en
aurait rapprochée davantage encore, elle en aurait
éprouvé un autre qui l'en aurait repoussée, et ce que
l'Angleterre a eu en moins, se serait reporté en plus vers
la Prusse, dont les immersions, au lieu de s'arrêter au
rivage actuel de la Baltique, sont allées jusqu'à plus de
40 lieues au-delà. Il est à remarquer que cette déviation
se serait produite au moment de notre maximum de
froid. Les rigueurs en auraient été conséquemment atténuées dans la mesure de l'écart existant, lequel eût
équivalu à près de 2 degrés de latitude, ce qui aurait
ramené le climat de Paris au niveau de celui qu'a, de
nos jours, la partie méridionale du Groënland. Et à ceux
qui prétendraient qu'une pareille situation climatérique
resterait de toute façon excessive, nous répondrons
qu'elle se justifierait par la seule présence du renne jusqu'aux Alpes et aux Pyrénées, limite qu'il aurait peut_

(1) Se reporter à la note D.

être même dépassée, si l'obtacle, infranchissable pour lui, surtout alors, ne l'avait forcément arrêté.

Nous touchons au terme de cette étude, et un de nos regrets est de n'avoir pu y faire entrer tous les éléments dont nous avions à disposer. Quelques remarques doivent encore y trouver place.

Nous avons vu l'Algérie dotée de plantes appartenant à nos climats. Le Sahara, de son côté, offre de larges traces, récemment signalées, d'actions alluviales se rapportant à la même époque. Par contre, l'Himalaya ne présente l'indice d'aucun refroidissement glaciaire, et pourtant son altitude ne pouvait que l'y prédisposer. C'est qu'en effet et bien que sa situation en latitude soit, à peu de chose près, celle de la région saharienne dont nous parlons, il se serait trouvé à l'abri de toute atteinte de ce genre. A l'époque de nos grands froids, la partie du Sahara actuellement placée sous le 30ᵉ parallèle, avait dû remonter jusqu'au 43ᵉ, alors que le point central de l'Himalaya, plus abaissé qu'aujourd'hui, n'aurait occupé que le 22ᵉ. Après, il est vrai, son relèvement se serait prononcé; mais il en serait actuellement à son maximum. De sorte qu'en aucun temps, ni antérieurement ni postérieurement, il n'a pu se trouver dans des conditions qui eussent déterminé, pour lui, une manifestation glaciaire quelconque. N'y a-t-il pas encore là, dans le sens de nos balancements polaires, avec l'amplitude que nous leur avons attribuée, une attestation assez plausible?

Nous voici au dernier fait auquel nous avons à nous arrêter. Il s'agit de la double végétation, éteinte comme celles dont nous avons parlé, dont on s'est malheureusement beaucoup moins occupé et qui nous montre une partie des régions polaires sous un jour assez inattendu, eu égard surtout à l'époque à laquelle il y a à la rattacher : c'est, d'une part, celle de la Nouvelle-Sibérie et des plages voisines ; d'une autre part, celle de la terre de Banks et des bords du Mackensie, l'une et l'autre évidemment contemporaines.

Dans la terre de Banks et vers l'embouchure du Mackensie, les débris végétaux, qui se sont accumulés, sont considérables. Les troncs d'arbres ont presque conservé leur aspect primitif. Par place, leur entassement est tel qu'on croirait que la main de l'homme y a été pour quelque chose. Ailleurs, c'est pêle-mêle qu'ils gisent. Les feuilles et les fruits, à l'état d'empreintes, ont conservé leurs formes sans altération. Dans la Sibérie, entre le Yana et l'Indighirka, des couches analogues se retrouvent souvent aussi sur une grande épaisseur et celles offertes par les îles Liakhoff sont même plus puissantes encore. Beaucoup d'arbres ne sont que dans un état très incomplet de fossilisation et les rares populations de ces contrées, qui les recueillent flottants sur le bord des lacs, les utilisent et les emploient comme combustible. Voilà donc, sur deux points absolument opposés, la preuve que, très postérieurement à l'époque tertiaire et malgré le refroidissement quaternaire, de nouvelles végétations sont encore venues s'implanter autour de notre pôle. On trouvera sans doute que l'action solaire et la fixité des latitudes ne seraient surtout plus guère de mise ici. Avec notre balancement, le fait, au contraire, n'a rien que de très compréhensible.

C'est à l'excentricité d'il y a 210,000 ans qu'il y aurait à faire remonter les végétations dont il s'agit. A ce moment, la terre de Banks aurait occupé le 60ᵉ parallèle, l'embouchure du Mackensie, le 57ᵉ, et la Nouvelle-Sibérie aurait eu pour position moyenne celle du

55°. Par cela seul, ce qui a eu lieu, aurait donc pu se produire ; mais la précession y aurait, en outre, puissamment aidé. La phase qui aurait alors donné à Paris les températures de la Baltique, aurait valu à la terre de Banks jusqu'aux valeurs thermiques du 50° degré de latitude, à l'embouchure du Mackensie, jusqu'à celles du 47°, et la Nouvelle-Sibérie aurait même joui d'un climat qui aurait pu être celui du 45°. Il n'y aurait donc bien, on le voit, à s'étonner en rien de ces manifestations de la vie du globe, même à un moment et sur des points où tout aurait semblé éteint ; et si nous rapprochons ce fait de la multiplication du mammouth dans la région sibérienne, à une époque où déjà il ne pouvait être que très rare dans nos parages, n'en trouvons-nous pas du même coup et tout aussi pleinement la raison ?

Si les circonstances, quelles qu'elles aient pu être, qui ont amené ce renouvellement de la végétation dans la Sibérie la plus septentrionale et dans l'extrême nord-ouest de l'Amérique, avaient été les mêmes pour toutes les régions actuellement polaires, le Groënland, l'Islande, le Spitzberg, n'en auraient-ils pas bénéficié dans une égale mesure ? Or, de ce côté, rien n'est venu faire soupçonner qu'il en a été ainsi. C'était le moment de leur plus grand rapprochement du pôle : la végétation qui en avait disparu, pouvait d'autant moins s'y remonter. Du reste, notre dernière forte excentricité, celle d'il y a 100,000 ans, aurait encore pu procurer à la Nouvelle-Sibérie et à la terre de Banks, bien que beaucoup plus rapprochées du pôle, et cette fois à peu près à la même distance, les températures actuelles du 60° parallèle ; mais ce n'eût été là qu'un maximum dont la durée n'aurait pu être que très limitée et on peut admettre qu'il n'aurait nullement suffi, pour permettre un développement de plantes égal à celui qu'ont eu, pour la dernière fois, les contrées dont il s'agit. Tout au plus, les amas les plus superficiels lui seraient-ils dus. Pour nous, nous l'avons dit, nos mauvais jours s'éloignaient de plus en plus, et, n'ayant plus eu à subir, après la phase d'il y a 74,000 ans, que des revirements précessionnels ne nous reportant pas au-delà des températures actuelles du 58e parallèle, notre végétation, trop longtemps exilée, pouvait enfin et peu à peu effectuer son retour. C'est alors seulement qu'elle aurait repris possession des territoires qui avaient été précédemment sa conquête et qu'elle s'y serait réinstallée avec l'abondance et le caractère que nous lui connaissons. Quel cycle depuis les premiers cryptogames, mais aussi quels progrès !

Nous pourrions nous arrêter là dans notre examen des flores passées. Il y en a cependant une qui doit encore y avoir sa place. Il s'agit de celles des Kowmoses du Danemark.

Les tourbières du Danemarck sont, sans aucun doute, postérieures à l'époque glaciaire, puisqu'elles se sont constituées dans des excavations creusées au sein des alluvions qui s'y rapportent. Selon nous, elles seraient simplement contemporaines de notre dernier refroidissement précessionnel, de celui-là même dont le maximum remonterait à 11,000 ans. Au fond, avec le pin, qui ne croît plus dans le pays, se trouvent des plantes aujourd'hui spéciales au cercle polaire. Le mouvement précessionnel en question, qui aurait eu pour conséquence de rendre à Paris la température actuelle du 57e parallèle, aurait en même temps reporté le Danemark jusqu'à celle du 67e. On trouvera sans doute que ce dernier rapprochement n'est pas de nature à infirmer les autres.

RÉSUMÉ ET OBSERVATIONS GÉNÉRALES.

TEMPÉRATURES PRIMITIVES. — GLISSEMENTS POLAIRES. — ACTION PRÉCESSIONNELLE. — MIGRATION DES FLORES.

1° Températures primitives. — Nous avons passé la revue des anciennes végétations, une revue beaucoup trop sommaire sans doute, mais qui nous a néanmoins permis de nous rendre compte de ce qu'elles ont été et des conditions dans lesquelles elles se sont produites. La flore carbonifère s'est surtout développée dans la partie de la zone moyenne la plus rapprochée du pôle et si celles qui l'ont suivie, se sont également étendues du même côté, elles se sont, en même temps, celles-là, et par degré, avancées davantage vers l'équateur. Seulement, à mesure qu'elles s'abaissaient en latitude, les affinités se modifiaient pour une partie des types nouveaux, et, grâce à ce fait, les expansions se sont maintenues aux mêmes distances polaires, distances qu'elles ont d'ailleurs fini par dépasser. C'est de cette façon que l'époque actuelle est arrivée à posséder des végétations, non plus comme aux premiers temps de notre genèse, dans des limites plus ou moins resserrées, mais sur toutes les terres du globe, à part les seuls espaces atteints par les congélations permanentes.

D'une double cause générale a dû découler ce mouvement : du refroidissement progressif de notre astre central et du refroidissement correspondant de notre planète. En rattachant l'affaiblissement de nos températures primitives à une diminution de l'action solaire. nous n'avons nullement entendu, on le sait, nous asso-

cier à cette théorie d'après laquelle, à l'époque houillère, le soleil aurait encore eu le volume qui lui a été
prêté. Un pareil état devait alors, et depuis longtemps,
avoir cessé. Mais si le foyer qui nous réchauffe avait
déjà perdu quelque chose de sa puissance calorique,
il ne devait pas moins en conserver encore une part
supérieure à celle d'aujourd'hui, et notre globe, lui-
même moins refroidi, n'a pu qu'en bénéficier plus
pleinement. Ce principe est celui sur lequel nous nous
sommes basé pour attribuer à l'époque carbonifère,
notre point de départ, un maximum de température
atteignant encore, à l'équateur, jusqu'à 40 degrés centigrades. La période jurassique survenue, et elle a suivi
celle des houilles à une longue distance, ce maximum
n'aurait plus dépassé 35 degrés. Il eût été de 33 au
milieu des temps crétacés, de 31 dans la première
partie de l'époque tertiaire, de 30 dans la suivante, et,
l'abaissement se continuant, après avoir passé par 29
degrés à l'époque quaternaire, nous serions enfin arrivés
au terme actuel qui est de 28. Nous ne donnons, bien
entendu, ces chiffres, le dernier excepté, que comme
des approximations. Mais rien ne porte à penser qu'ils
puissent s'écarter beaucoup de la réalité. Ce n'est là,
toutefois, que la moindre des actions auxquelles nous
avons eu à recourir.

2° *Glissements polaires.*—L'élévation plus grande de
la température générale aux époques écoulées n'eut pas
suffi pour donner naissance aux végétations dont les
vestiges se retrouvent, de nos jours, jusque dans le
voisinage immédiat de notre pôle. Elles auraient surtout
été la conséquence des glissements de la croûte terrestre,
et les effets s'en seraient d'autant plus marqués que
l'amplitude du balancement aurait d'abord été plus

considérable. Limité aujourd'hui, nous l'avons dit, à 30 degrés de diamètre, le cercle des stations polaires aurait pu s'étendre, à l'époque houillère, à 42. Les terres qui ne peuvent plus descendre actuellement au-dessous du 60ᵉ parallèle, seraient donc allées jusque sous le 54ᵉ, et, la température normale aidant, on comprend tout ce qui pouvait en résulter de favorable pour elles, surtout si l'on y ajoute l'influence de la précession. Mais peu à peu les glissements se sont eux-mêmes modérés et le fait n'a pu qu'accentuer, pour les zônes qui en profitaient, les décroissances thermiques dont elles étaient déjà atteintes dans un autre sens.

Le mouvement de diminution de la température émanant du rayonnement solaire n'a pu être qu'uniforme et continu. Aux seuls glissements polaires, doublés du balancement précessionnel, se rapporteraient les grandes oscillations climatériques, si visibles dans la généralité des formations minérales pour ceux qui veulent bien y regarder. Mais les glissements polaires attendent encore les corroborations astronomiques dont ils ont besoin. Déjà, du moins, nous pouvons dire que les probabilités, même à cet égard, n'ont rien qui leur soit contraire. Les différences constatées dans les latitudes, les variations relevées dans le mouvement de rotation de la terre, les oscillations continuelles du sol en fournissent des indices assez positifs. Ce n'est, du reste, pas seulement la marche de la végétation qu'ils expliquent, c'est également et tout aussi bien le va-et-vient des mers, avançant ou reculant selon les centres occupés par elles, renflement ou aplatissement, et cela toujours dans la mesure même de ce que devaient être leurs situations en latitude. Les dépôts jurassiques, ceux de la craie et du tertiaire, sans remonter au-delà, nous

en offrent des exemples frappants, que ne contredisent
en rien les immersions quaternaires, ni notre état actuel.
N'avons-nous pas vu, en outre, les grandes dénivellations du sol coïncider avec les fortes excentricités et
venir ainsi, de leur côté, affirmer jusqu'où va la puissance des attractions. (1)

Pour la justification des expansions végétales antérieures à l'époque tertiaire, nous n'avons pu recourir
qu'à des situations supposées, en latitude comme en
excentricité. A partir de la fin de l'éocène, nous avons
eu la possibilité de procéder plus sûrement. Les variations de l'excentricité ont été calculées en remontant
jusqu'à un million d'années en arrière, et c'est en nous
appuyant sur ces données que nous avons dès lors
avancé. Mais seules elles ne pouvaient nous suffire pour
établir nos positions en latitude. Elles nous ont, du
moins, offert des points de repère qu'il nous a été possible de mettre à profit. En dehors de cela, nous nous
sommes basé sur la mesure même des attractions. Déterminés d'après les seules variations de l'excentricité
terrestre, nos glissements n'auraient pu l'être que d'une
manière trop insuffisante. Nous y avons donc rattaché
les effets de l'excentricité lunaire. Sans doute, nous
n'avons pu, en cela, procéder que par voie de conjecture,
puisque les variations de l'excentricité de la lune n'ont
pas encore été calculées et qu'il reste aussi la question
de savoir si le plan de l'orbite de notre satellite n'acquiert pas, dans certains cas, une obliquité beaucoup
plus considérable que celle d'aujourd'hui, eu égard à
l'écliptique, ce qui contribuerait encore à activer les
glissements. Mais plus de précision ne nous était pas
possible. Quoi qu'il en soit, les différences avec nos

(1) Notes A. C. D. F.

approximations ne seraient vraisemblablement pas très importantes dans l'ensemble. Si elles devaient s'accroître dans un sens, elles pourraient aussi se réduire dans l'autre. La moyenne n'en conserverait pas moins la valeur que nous lui avons attribuée. Ce qui le dénoterait c'est que, ni pour l'époque tertiaire, ni pour l'époque quaternaire, dont nous avons suivi la marche en quelque sorte pas à pas, aucune discordance n'est venue nous contredire.

Une excentricité quelconque de notre orbite ou de l'orbite lunaire n'est nullement nécessaire pour que nos glissements s'effectuent. Ils se produiraient, sans excentricité, par le seul fait de l'obliquité du plan de ces orbites. Seulement, dans ces conditions, les déplacements seraient plus faibles et resteraient forcément uniformes. L'excentricité y ajoute d'autant plus qu'elle se prononce davantage. Un autre élément, tiré, celui-là, de la dynamique, a dû aussi entrer dans nos supputations. Les effets produits par une force donnée ne s'accroissent pas seulement dans la proportion de l'augmentation de cette force ; ils s'accroissent, en outre, dans la mesure de l'atténuation des frottements, c'est-à-dire des résistances éprouvées, lesquelles s'affaiblissent d'autant plus, par rapport à l'action initiale, que le mouvement acquiert plus de vitesse. Nos glissements ne s'accéléreraient donc pas dans la seule mesure des accroissements d'excentricité, mais encore dans celle de la diminution des frottements et ils acquerraient par là une importance d'autant plus marquée. Nous sommes, en définitive, arrivé à ce résultat que, sur la base de la moyenne générale de 28 à 30 secondes de déplacement polaire par siècle, nécessaire à la justification de nos révolutions polaires, les glissements pourraient aller jusqu'à 123 secondes, avec le maximum de l'excentricité terrestre et qu'avec l'excentricité actuelle, ils pourraient se limiter à 9 secondes. Nous avions d'abord adopté, pour notre époque, un déplacement polaire de 12 à 14 secondes. Nous comprenons qu'il ait pu paraître excessif. Notre nouveau chiffre ne saurait être que plus acceptable. C'est donc à celui-là que nous nous sommes définitivement arrêté, et il nous semble que les observations en latitude, sur lesquelles nous avons à nous appuyer, ne s'en écartent pas absolument. (1)

Encore un mot au sujet des variations d'excentricité dont nous nous sommes servi. Elles ont été établies, non dans leur suite même, mais relativement à des dates plus ou moins espacées et sans qu'on se fût bien rendu compte de ce qu'elles ont pu être dans l'intervalle. En cela aussi, incontestablement, il reste de l'incertitude dans nos déterminations. Toutefois, les mouvements en question sont très lents et si, prises à des époques trop distantes, les situations n'ont pu se révéler que d'une manière incomplète, elles n'en sont pas moins apparues avec les caractères qui les particularisent. Les plus fortes excentricités ont souvent été suivies des excentricités les plus faibles. On peut tout au moins avoir la conviction que si, un peu plus tôt ou un peu plus tard, ces excentricités ont pu être quelque peu différentes, celles intermédiaires, que nous n'avons pas, augmentant ou diminuant selon les cas, n'auraient point apporté de changements bien sérieux dans nos moyennes. Arrivant avec les chiffres dont nous avons fait usage, aux explications cherchées, ce moyen de justification ne nous ferait, de toute façon, nullement défaut. Avec des calculs applicables à des dates plus rapprochées, nous aurions

(1) Voir note A.

une chance de plus ; ce serait de parvenir plus pleinement encore à faire la lumière sur les situations.

3° Action précessionnelle. — Douterait-on encore de
l'influence de la précession ? Mais elle-même ne s'est-
elle pas attestée, à l'égal de nos autres actions, dans
chacun de nos rapprochements ? Quant à la mesure
même dans laquelle elle agirait, elle nous a été fournie,
on le sait, par l'excentricité actuelle de notre orbite et
par la position que le globe y occupe. L'isotherme le
plus chaud ne correspond pas, en effet, à l'équateur
géographique. La moyenne en est au 4e parallèle nord,
et le fait se trouve de plus en concordance avec le développement très inégal des deux calottes glaciaires des
pôles, la nôtre ayant sensiblement moins d'étendue que
l'autre. C'est donc la différence thermique de ces 4 degrés de latitude que nous avons prise pour base de nos
déterminations, et, comme elle n'a rien de fictif, cette
base n'a pu, non plus, nous conduire qu'à des situations
réelles. Seulement, la valeur qui s'y rattache aurait un
peu varié selon les époques. Aujourd'hui égale à $0°40$
centigrades par parallèle, elle aurait pu n'être que de
$0° 28$ à l'époque carbonifère. Pour l'époque jurassique,
nous l'avons comptée à raison de $0°37$. Elle aurait été de
$0°38$ au temps de la craie, et c'est en passant par $0°39$,
à l'époque tertiaire, que le terme serait arrivé à son
chiffre actuel. Nous avons d'ailleurs à faire remarquer
que ces proportions de croissance et de décroissance
thermique, par degré de latitude, n'ont pas été étendues
à l'ensemble des parallèles. La mesure s'accroît beaucoup
plus rapidement à partir du cercle polaire, en remontant, et même dès le 60e degré. Nous avons donc tenu
compte de cette progression beaucoup plus forte, ce que
nous n'avions pas fait auparavant, et c'est le motif pour

lequel nos déterminations relatives à l'époque quaternaire se trouvent atténuées par rapport aux chiffres que nous avions précédemment donnés (1).

Ces modifications ne sont pas les seules que nous ayons eu à apporter dans nos précédentes évaluations. Il nous a fallu aussi avoir égard à ce fait révélé par l'extension de la calotte des glaces permanentes du pôle austral comparativement à celle du pôle boréal, à savoir que l'action précessionnelle se marque beaucoup plus profondément vers les pôles que plus bas en latitude. Les glaces australes descendent jusqu'au-dessous du 65ᵉ papallèle, en moyenne, alors que celles de notre pôle sont limitées au 76ᵉ. Pour être égale au déplacement de l'équateur thermal, la différence devrait être de 8 degrés. Elle est de plus de 11. Ce serait bien la preuve que la précession agit plus puissamment vers ces extrémités qu'elle ne le fait sous des latitudes plus abaissées. Réduites dans un sens, nos supputations ont donc dû être relevées dans l'autre. Mais elles n'en sont pas moins restées inférieures à ce qu'elles étaient, et c'est ce que nous avions à expliquer.

Jusqu'ici l'attention ne s'est pas assez portée sur l'action précessionnelle. Une chose sur laquelle il est surtout bon de se fixer à cet égard, c'est que, comme nous l'avons déjà dit, du reste, les phases de chaleur sont faites des étés les plus longs et des hivers les plus courts, et que les phases de froid, à l'inverse des autres, sont composées des étés les plus courts et des hivers les plus longs. Dans les phases de chaleur, les moyennes annuelles s'élèvent d'autant plus que les hivers, se présentant au périhélie, ne peuvent être que plus cléments.

(1) Notes G, H, I.

Que de flores qui offrent ce caractère d'une quasi-égalité de climat! En ce qui concerne les phases de froid, constituées, au contraire, de saisons tout à fait tranchées, les moyennes s'abaissent d'autant plus que les hivers, à l'aphélie, ne peuvent être que plus rigoureux. Sans doute, dans ce cas, les étés, bien que plus courts, peuvent arriver à des températures que les autres n'atteignent pas, notamment lors du solstice. Mais ces excès de chaleur ne sauraient être que temporaires, et comme c'est l'hiver qui prédomine ici avec sa durée et ses rigueurs, il n'en imprime pas moins à la phase toute sa caractéristique de froid, dont l'influence ne peut que peser tout entière sur la végétation. Quelques chiffres nous éclaireront mieux sur les causes et sur l'importance des fluctuations précessionnelles. Nous avons déjà eu occasion d'y recourir; nous n'y reviendrons pas ici sans utilité.

Actuellement, nos étés, à l'aphélie, sont plus longs de huit jours que ceux de l'hémisphère austral qui se produisent au périhélie, et une différence inverse existe entre nos hivers et ceux de l'autre hémisphère. Cela montre déjà combien les situations peuvent différer. La preuve en ressort plus particulièrement de la comparaison des heures de jour et de nuit pour chaque saison et par hémisphère (1).

Il est facile de comprendre que les huit jours qui constituent la différence de durée entre les saisons correspondantes des deux hémisphères, se traduisent, pour

(1) Les chiffres que nous allons donner, doivent être substitués à ceux que nous avions précédemment offerts et dont nous avions fait usage dans un de nos derniers opuscules : *L'Homme et les temps quaternaires*. Ils diffèrent peu. Les conclusions à en tirer sont naturellement les mêmes.

les pôles, en un nombre d'heures qui ne se fractionne
pas et que les étés du nôtre en ont le total en plus
comme heures de jour, tandis que les hivers de l'autre
l'ont en plus comme heures de nuit. C'est justement ce
qui fait que l'action précessionnelle se prononce de plus
en plus à mesure qu'on s'élève dans les hautes latitudes
et aussi ce qui explique l'excès d'extension de la calotte
de glace du pôle sud relativement au déplacement de
l'équateur thermal. Mais il y a surtout intérêt à appli-
quer nos calculs aux latitudes moyennes. Nous allons
donc voir à quoi ils nous conduisent spécialement pour
celle à laquelle Paris appartient.

Les étés de Paris, à notre époque, comptés de l'équinoxe du printemps à celui de l'automne, sont faits de
2,716 heures de jour et de 1,764 heures de nuit. Ceux
du point correspondant de l'autre hémisphère sont composés de 2,551 heures de jour et de 1,735 heures de
nuit. L'infériorité du nombre des heures de jour, du
côté de l'hémisphère du sud, est donc de 165, et si les
heures de nuit y sont également moindres, la différence,
dans cet autre sens, n'est que de 29. Un premier profit
en résulte forcément pour nous. Mais le désavantage,
pour l'hémisphère austral, s'accroît surtout relativement
à ses hivers. Ceux de Paris sont faits de 2,551 heures de
nuit et de 1,735 heures de jour, alors que les autres,
formés de la durée de nos étés, comprennent 2,716
heures de nuit et 1,764 heures de jour. Ici, sans doute,
les heures de jour dépassent les nôtres ; mais celles de
nuit n'en restent pas moins très sensiblement supérieures. Ce ne sont donc pas seulement les heures de
jour qui y sont moindres en été, ce sont en outre les
heures de nuit qui y sont plus nombreuses dans la saison
d'hiver. Or, l'été, combien l'influence du jour ne l'em-

porte-t-elle pas sur celle de la nuit, et, l'hiver, combien l'influence de la nuit ne l'emporte-t-elle pas sur celle du jour ! L'aggravation apparaît bien là, pour l'hémisphère austral, avec une évidence qui ne saurait guère être contestée. Mais ces chiffres ne disent pas tout et d'autres considérations conduisent à une certitude beaucoup plus complète.

L'intensité calorique du soleil s'accroît ou diminue en raison inverse du carré des distances, et, à l'aphélie, elle n'est pas ce qu'elle est au périhélie. Mais si cette différence d'action atténue, dans un sens, les effets de la durée des saisons et de leur distribution en heures de jour et de nuit, elle ne les laisse pas moins subsister, en les aggravant dans un autre sens. En prenant 1,000 comme moyenne, on a, dans les conditions actuelles de notre excentricité, 1,034 pour le périhélie et 966 pour l'aphélie. Cet écart, toutefois, n'est que celui qui s'applique aux points extrêmes, et, les positions étant envisagées dans leur ensemble, on n'a plus guère, comme moyenne, pour le côté du périhélie, que 1,017, alors que, pour le côté de l'aphélie, on descend à peine au-dessous de 984. Maintenant, si, à l'aphélie, dans un même laps de temps, nos étés reçoivent 33 ou 34/1000es de chaleur de moins que ceux du périhélie, par contre, ils en reçoivent pendant 165 heures de jour en plus. Or, ces 165 heures représentent, relativement au total de celles de l'hémisphère austral, pour la même saison, 65/1000es. De ce seul fait découle donc bien pour nous plus qu'une compensation, et cette compensation s'accroît naturellement de toute la partie de la chaleur reçue que le rayonnement nocturne ne nous fait pas perdre. Mais ce n'est pas tout, et, appliqué à l'hiver, le gain, pour nous, atteint une bien plus forte proportion. Nos

hivers, au périhélie, ne reçoivent pas seulement, en
moyenne, 33 ou 34/1000ᵉˢ d'excédent de chaleur par
rapport à ceux de l'hémisphère austral, ces derniers, qui
ont 163 heures de nuit au plus, éprouvent en outre des
déperditions qui sont, pour le moins, de 63/1000ᵉˢ plus
élevées que les nôtres, et alors que, dans nos étés, il y a
une plus forte accumulation de chaleur, dans les hivers
de l'hémisphère austral, il ne peut y avoir qu'une plus
forte accumulation de froid. Quel avantage cet ensemble
de circonstances ne nous crée-t-il pas ! En somme, notre
part annuelle de chaleur ne dépasserait pas de moins de
1/10ᵉ celle de l'autre hémisphère. On peut juger de ce
qui doit en résulter.

Il ne manque pas de savants qui, se plaçant en dehors
de l'action précessionnelle et sans s'en préoccuper, pré-
tendent que les deux hémisphères jouissent d'une température absolument égale. Pour justifier leur manière de voir, ils ont recours à différents arguments. Les
mers, disent-ils, ont plus de capacité calorique que les
terres. Nous n'avons pas à le contester. Mais si, malgré
cela, l'hémisphère austral, qui n'a pas les vastes continents du nôtre, n'est pas le plus favorisé, il faut bien
qu'il nous arrive, à nous, une plus forte part de chaleur;
et d'où nous viendrait cette chaleur, si ce n'est de notre
situation précessionnelle? Il y a bien aussi les courants
marins auxquels il est fait appel. Pourrait-on, du moins,
établir que l'équateur en déverse de plus abondants dans
la partie septentrionale du globe que dans la partie
méridionale, et alors, n'y aurait-il pas à se demander ce
que deviendrait l'équilibre du sphéroïde, et aussi si ces
masses d'eau, nous revenant forcément refroidies après
leur passage par les mers arctiques, ne nous rapporteraient pas comme froid ce qu'elles nous auraient donné
comme chaleur?

Ce qui a pu porter à penser que les deux hémisphères reçoivent la même somme de chaleur, c'est que plusieurs isothermes occuperaient, de chaque côté de l'équateur, des lignes à peu près équivalentes en latitude. Mais que d'incertitudes subsistent encore à cet égard, surtout dans l'hémisphère austral où les déterminations, sur la plupart des points, n'ont pu être qu'approximatives! La propriété qu'ont les eaux d'absorber plus de chaleur que les terres aiderait, s'il y avait lieu, à expliquer le fait. Peut-être s'exagèrerait-on beaucoup, de toute façon, cette faculté des mers. Comment, en effet, la concilier avec l'extension si considérable de la calotte de glace du pôle sud alors que l'hémisphère auquel ce pôle appartient est justement celui qui a les océans les plus spacieux ?

Les calculs dont nous avons donné les résultats, ne s'appliquent, on l'a vu, qu'à notre temps. Mais l'excentricité peut s'accroître dans une très forte mesure et, avec le maximum qui est de 0,0777, les variations doivent se prononcer bien autrement. La différence des jours, dans ces autres conditions, s'élève jusqu'au chiffre de 38. Les étés de l'aphélie, sous la latitude de Paris, ont alors, pour le moins, 762 heures de soleil de plus que ceux du périhélie, et le même nombre d'heures se reporte également en plus sur les nuits d'hiver de ce dernier côté. Ces 762 heures représentent la durée de près de 32 jours. On peut, avec l'aide des autres facteurs, se faire une idée du réchauffement qui doit en résulter pour l'hémisphère qui a, en soleil, cet excédent de jours, et le refroidissement qui en découle pour celui qui l'a en nuits. La différence de 4 degrés en latitude qui constitue, de nos jours, le déplacement de l'équateur thermal comparativement à l'équateur géographique, s'élèverait, dans ce cas, à près de 19 degrés, et comme l'écart actue.

représente une valeur thermométrique de plus d'un degré et demi, on arriverait alors à un total dépassant 7° 5. C'est dire que Paris qui, à notre époque, avec l'excentricité que nous avons et avec notre situation précessionnelle, a plus que la température normale du 45° parallèle, doit, sans changement dans cette excentricité, par ce seul fait que les saisons se présenteraient à l'inverse de leur position d'aujourd'hui, descendre jusqu'au dessous de la moyenne climatérique du 57e et qu'avec le maximum de l'excentricité, il atteindrait, dans un sens, la moyenne de 16 degrés centigrades, pour descendre, dans l'autre, jusqu'à celle de 2. On voit par là jusqu'où peuvent aller les oscillations dont il s'agit et tout ce qu'elles peuvent ôter ou ajouter aux autres actions. (1)

De semblables effets ne se produiraient naturellement pas, en une année, dans toute leur plénitude. Mais il ne saurait en être que tout autrement dans la longue suite de siècles qu'embrassent les révolutions précessionnelles. Les mêmes situations extrêmes d'hiver et d'été peuvent se prolonger, sans grande variation, pendant deux ou trois mille ans. L'excédent actuel d'heures de jour, au profit de nos étés, forme, en 3,000 ans, un total de 495,000 heures, soit de 20,625 jours, ou près de 56 ans. C'est donc également ce qu'a en plus, comme durée de nuits d'hiver, dans le même laps de temps, l'hémisphère opposé au nôtre. Avec le maximum de l'excentricité la différence des heures en plus, comme

(1) Les chiffres que nous donnons sont plutôt au-dessous qu'au-dessus de ce qu'ils doivent être. C'est en l'an 1250 de notre ère que nos étés correspondaient exactement avec l'aphélie et nos hivers avec le périhélie. Pour être tout à fait justes, nos calculs auraient donc dû être basés sur la situation d'alors. Mais elle devait très peu différer de celle d'aujourd'hui. C'est pour ce motif que nous n'avons pas cru indispensable de les y rattacher.

jour, d'un côté, et comme nuit de l'autre, en 3,000 ans, est de 2,286,000, représentant 95,250 jours, c'est-à-dire près de 261 ans. Ces chiffres sont surtout significatifs.

Les étés et les hivers sont loin de se ressentir dans la même mesure, on l'a vu, des variations précessionnelles. Les fluctuations, nos données le démontrent, portent surtout sur les hivers. Avec l'excentricité d'aujourd'hui, la différence entre les moyennes thermiques des deux hémisphères étant de 3°2, on a seulement 0.46 pour les étés, et la part des hivers s'élève à 2°74. L'écart total, avec l'excentricité d'il y a 850,000 ans, qui a touché au maximum, a dû être de 14°4. Les étés n'y auraient figuré que pour 2°1 alors que la différence, pour les hivers, eût été de 12°3. Ce n'est pas la disparition complète des froids pour les phases de chaleur ; mais leur atténuation ne devient-elle pas telle, avec les fortes excentricités, que les végétations n'ont plus guère à en éprouver les effets ?

Un point reste qui a aussi besoin de quelques développements.

4° *Migration des flores.*—Les grandes migrations des flores sont d'une telle évidence qu'il ne saurait y avoir à insister sur leur réalité. On peut dire que toutes les époques en offrent des exemples et elles se sont aussi bien accomplies en longitude qu'en latitude. L'Amérique nous a envoyé ses plantes. L'Afrique nous a fait jouir des siennes. Les nôtres ont gagné l'Asie, qui, à son tour, en a doté l'Amérique. Il est à remarquer toutefois que si celles de l'Asie ne s'étaient pas répandues en Europe, cela aurait simplement tenu au sens même de notre balancement polaire qui nous a toujours fait passer les premiers par les longues périodes de chaleur ou de froid capables d'influer sur les végétations. Ce qui pourrait sembler moins admissible, c'est que ces

migrations se fussent renouvelées à chacune des phases
de la précession, conséquemment à des dates beaucoup
plus rapprochées.

Disons tout d'abord que nous n'avons jamais prétendu
que les flores se soient réciproquement éliminées à chacune des révolutions de la précession. Avec les faibles
excentricités, les différences thermiques sont peu considérables d'une phase à l'autre, et si le déplacement de
quelques espèces doit en être la conséquence, ce ne saurait être, de toute façon, que le plus petit nombre qui
y serait soumis. Avec les excentricités plus prononcées,
des effets plus étendus se produisent forcément. Mais
les déplacements peuvent ne pas s'effectuer, là non plus,
à de grandes distances et le mouvement n'est pas plus
inacceptable. Seulement, les excès d'excentricité con-
duiraient nécessairement à des refoulements plus géné-
raux et plus éloignés. Il y a cependant à distinguer. Si
l'effet se produit en réchauffement dans les époques déjà
froides, les plantes atteintes peuvent se retirer sur les
hauteurs, à des altitudes en rapport avec leur nature,
et la région peut ne pas les voir complétement disparaître. Si l'influence qui intervient, est dans le sens
d'un refroidissement, il est certain que ce n'est plus
alors que par un éloignement que les espèces qui ont
besoin de quelque chaleur ont la possibilité de se sous-
traire à ses atteintes. Dans ce cas, c'est bien toute cette
partie de la flore qui disparaît, et il ne peut rester que
les plantes montagneuses qui viennent alors chercher
dans les vallées les plus abritées les températures dont
elles ont besoin. Celles-là mêmes peuvent être également
atteintes, si la phase se manifeste à un moment, où, par
suite de la situation en latitude, l'abaissement thermique
revêt un caractère tout à fait aigu. Le fait a pu se produire notamment au milieu de l'époque quaternaire et

plus particulièrement il y a 200,000 ans. Mais les plantes ainsi éloignées peuvent-elles du moins effectuer leur retour à chaque phase et regagner le sol qu'elles avaient dû abandonner ?

L'élimination des espèces par les grandes oscillations climatériques peut assurément être rapide. Mais leur réapparition, lorsqu'il s'agit de celles qui ont été rejetées loin de la région qu'elles occupaient, ne saurait avoir lieu dans les mêmes conditions de temps. Dans le premier sens, l'effet se produit par voie d'extinction et pourrait même être subit ; dans le second, ce ne peut être que par voie de reproduction et d'extension, et la marche ne saurait en rien être la même. Nous avons dit qu'après les premiers froids glaciaires, la végétation des débuts du quaternaire avait dû disparaître pour longtemps. De fréquents revirements de chaleur se sont produits ; mais rien n'est venu attester un retour plus ou moins abondant des plantes exilées, si ce n'est à l'époque de la Madelaine, qui a joui, par intervalles, d'une chaleur même supérieure à celle qui est aujourd'hui notre partage. Alors, en effet, ont reparu une partie des espèces repoussées. Mais on n'a pas oublié que la même époque nous a aussi offert les vestiges d'une végétation tout à fait différente, ce qui montrerait bien que si les phases précessionnelles très tranchées peuvent être si complètement contraires à certaines flores, les phases inverses peuvent cependant en provoquer le retour, sinon dans leur ensemble, du moins dans une partie de leurs types. La possibilité de ces retours précessionnels des plantes nous paraît, du reste, particulièrement établie par les Kowmoses du Danemark, dépôts dont l'origine ne remonterait, nous l'avons dit, qu'à notre dernier refroidissement précessionnel et qui se sont constitués de débris de végétaux attestant la transformation et le changement progressif de la flore de la contrée, qui, de l'état arctique, est repassée à l'état tempéré.

En résumé, les migrations des plantes ne se seraient jamais accomplies, en longitude, qu'avec une très grande lenteur. Leurs déplacements en latitude auraient, au contraire, toujours été relativement rapides, tout en suivant néanmoins, dans leur ensemble, un mouvement très lent, correspondant, celui là comme l'autre, au balancement polaire. Mais pour que les flores éloignées puissent reparaître, il leur faut la possibilité d'étapes successives, que des mers étendues n'interrompent pas, et, reléguée jusqu'en Afrique, dans les temps quaternaires, la flore du pliocène, aurait-elle bien pu, par exemple, nous revenir avec l'époque moderne, après sa première réapparition dans l'âge de la Madelaine? La solution de cette question est aussi de celles qu'un examen un peu attentif permet d'entrevoir. Il s'agit simplement de se rendre compte de ce qu'a pu être la Méditerranée aux époques où ces déplacements ont dû s'effectuer.

On a bien pu reconnaître et constater les délaissements de la Méditerranée à partir du moment où, l'époque tertiaire sur son déclin, elle a commencé à se resserrer. Mais, ainsi que l'a fait observer M. Hébert, on n'a aucune certitude relativement à ses nouveaux envahissements, et l'on ne saurait préciser jusqu'à quel point elle s'est retirée. Ce qui paraît certain, c'est qu'antérieurement à l'époque quaternaire, l'Europe était encore en communication avec l'Afrique et cela tout aussi bien par le détroit de Gibraltar que par l'Italie et la Sicile. Repoussées par les grands froids, nos plantes ont donc pu s'éloigner par ces points, et si cette route

leur a été ouverte au début, elles ont pu la retrouver
plus tard. Quand la séparation serait-elle alors survenue? Gibraltar est trop éloigné des Alpes pour que le
dernier soulèvement qui s'y rattache, ait pu avoir une
grande influence sur sa percée. Mais ce ne serait peut-
être pas se hasarder beaucoup que de prétendre que la
Méditerranée aurait pu en éprouver plus ou moins largement le contre-coup, qui se serait manifesté par des
affaissements. Ce moment n'aurait cependant pas été
celui où la séparation se serait accomplie et il faudrait,
pour y arriver, nous rapprocher davantage des temps
nouveaux. Après la grande excentricité d'il y a 200 et
210,000 ans, est survenue celle d'il y a 100,000 ans,
celle-là justement à laquelle les chaleurs de la Madelaine seraient dues. A cette excentricité se rapporteraient le soulèvement du mont Ventoux et celui des
Açores, et alors aussi aurait pu se produire la rupture
définitive entre les deux continents. Après la principale
phase de chaleur de la Madelaine, l'Europe a encore
eu des retours d'assez grands froids; mais c'étaient les
derniers et d'ailleurs ils étaient déjà forts amoindris
comparativement à ceux du milieu des temps quaternaires. Cantonnées dans la partie méridionale de l'Italie
ou de l'Espagne, nos espèces actuelles auraient donc pu
s'y maintenir, et c'est de là, progressivement et phase
par phase, qu'elles nous seraient enfin revenues.

Nous permettra-t-on une autre conjecture, justifiée
par ce que nous avons vu lors du pliocène? La Méditerranée s'étend en latitude jusqu'au 29° parallèle et
la Sicile descend au-dessous du 37°. Le renflement
équatorial, dont nous nous serions sensiblement rapprochés depuis 100,000 ans, n'aurait-il pas déjà commencé à produire là son effet en y surélevant le niveau

même des eaux, surélèvement qui pourrait même s'é-
tendre jusque sensiblement plus haut. Entre autres
observations qui tendraient bien à prouver que la cessa-
tion de nos communications avec l'Afrique ne remonterait pas à une époque très reculée, n'y a-t-il pas aussi
celles qui se rapportent à la végétation actuelle du
bassin méditerranéen. D'après M. Em. Blanchard, plusieurs des espèces que nous possédons auraient les plus
directes filiations avec celles qui se trouvent sur l'autre
versant. Si elles nous sont ainsi arrivées, ce n'a pu être
qu'à une époque géologiquement rapprochée, et il faut
bien que la voie leur en ait encore été ouverte.

Constamment soumise aux fluctuations climatériques
résultant de nos actions, la végétation n'a pu que s'en
ressentir, et les transformations dont elle a été atteinte,
ses diversités toujours croissantes auraient là, en grande
partie, leur explication. Mais il y a la périodicité de
nos révolutions polaires, et cette périodicité nous a été
reprochée comme étant incompatible avec la réalité des
faits.

Rien, selon nous, ne saurait mieux donner la raison
des époques géologiques et des séparations qui les dif-
férencient. Il est vrai que, d'après ce qui nous reste de
leurs dépôts, ces époques ne nous apparaissent qu'avec
des caractères de durée fort différents. Nous l'avons dit,
dans les premiers âges de la terre, les glissements de sa
croûte ont pu éprouver des déviations plus ou moins
considérables. Les révolutions polaires devaient aussi
s'accomplir avec une vitesse d'autant plus accélérée que
l'enveloppe durcie, moins épaisse et moins rigide, offrait
beaucoup moins de résistance aux attractions. Mais ce
qu'il ne faut surtout pas oublier, c'est que le mouvement des excentricités n'a rien de régulier, que les glis-

sements polaires en dépendent et que l'influence de la précession ne s'exerce elle-même que dans une mesure correspondante. Certaines époques ont donc pu être plus ou moins longues, selon les circonstances. Elles ont pu aussi être plus ou moins diversifiées sous le rapport climatérique. En un mot, bien que périodiques, nos balancements polaires n'auraient rien de complétement uniformes, et ainsi se concilieraient l'état géologique et les effets ayant pu découler de nos actions.

Quel sera le jugement de la science sur les conclusions à tirer de cet exposé ? Trop imparfait et trop incomplet est resté notre travail pour que nous ayons beaucoup à en attendre. Mais la question envisagée, si complexe dans ses développements, est une de celles qui doivent le plus attirer. Nous osons du moins espérer que, la prenant en main, quelques esprits plus compétents sauront beaucoup mieux nous conduire à une solution qui ne serait peut-être pas acceptée de nous, mais qui le sera d'eux, parce qu'ils auront, pour la proposer, ce qui nous manque trop absolument, le savoir et l'autorité.

NOTES.

—

Note A.

Excentricités et attractions.

Tableau des excentricités de l'orbite terrestre, calculées, pour diverses dates, à compter de l'an 1800 de notre ère et en remontant jusqu'à 1,000,000 d'années en arrière, avec indication de la mesure de l'attraction solaire et des glissements polaires qui y correspondraient.

ANNÉES	EXCENTRICITÉ exprimée en fractions d'une unité du demi grand axe de l'orbite.	ATTRACTION solaire au périhélie au-dessus de 100 pris comme moyenne.	VITESSE par siècle, en secondes d'arc, des déplacements polaires, sous la double action du soleil et de la lune.
»	0,0168	5	9
10.000	0,0187	6	11
50.000	0,0131	4	7
70.000	0,0316	10	26
100.000	0,0473	16	54
150.000	0,0332	11	31
200.000	0,0567	19	69
210.000	0,0575	19	69
250.000	0,0258	8	18
300.000	0,0424	14	44
350.000	0,0195	6	11
400.000	0,0170	5	9
450.000	0,0308	10	26
500.000	0,0388	12	40
550.000	0,0166	5	9
600.000	0,0417	14	44
650.000	0,0226	7	14
700.000	0,0220	7	14
750.000	0,0575	19	69
800.000	0,0132	4	7
850.000	0,0749	26	110
900.000	0,0102	3	5
950.000	0,0517	17	58
1.000.000	0,0151	5	9

Ainsi que nous l'avons dit dans nos considérations générales, nous n'avons pu établir qu'approximativement les vitesses de nos déplacements polaires. Les éléments applicables aux mouvements de la lune, que l'astronomie n'a pu qu'incomplètement calculer jusqu'ici, nous faisant défaut, plus de précision nous est forcément restée impossible. Quant aux déterminations spéciales à notre excentricité, nous les avons simplement empruntées aux calculs de MM. Stone, James Croll et Carrick, qui les ont eux-mêmes effectués d'après la formule donnée par Le Verrier.

Les glissements ne se produiraient naturellement pas dans le même sens pour toutes les parties du globe. Ce qui est, pour nous, abaissement vers l'équateur, ne pourrait être, pour la région du Pacifique, qu'un relèvement vers le pôle, alors que les déplacements, pour l'Asie et pour l'Amérique, n'auraient lieu qu'en longitude. De même, dans l'autre hémisphère, le mouvement sur notre méridien ne serait qu'un rapprochement vers le pôle, tandis que sur le méridien opposé il ne pourrait être qu'un rapprochement vers l'équateur, mouvements qui ne seraient que la conséquence et l'équivalent des autres. Ajoutons que si le périhélie, dans les conditions actuelles, doit activer, chaque année, les glissements dans le sens de notre abaissement vers l'équateur, l'aphélie doit, chaque année aussi, en agissant sur le méridien opposé dans le sens d'un relèvement vers le pôle, aider à notre abaissement, et qu'un double effet analogue se produirait nécessairement dans l'autre hémisphère. Le mouvement suivrait son cours par ce fait tout aussi bien qu'avec l'intervention du balancement précessionnel. Seulement, par suite de la différence des distances entre l'aphélie et le périhélie, l'action ne serait pas tout à fait la même, et ce n'est qu'en cela qu'un écart se marquerait.

Jusqu'à quel point les observations en latitude peuvent-elles servir, pour l'époque actuelle, à la justification de nos déplacements polaires? Il est certain qu'une entière précision est loin aussi d'avoir été acquise dans les déterminations de l'espèce. Il y a, d'une part, l'incomplète perfection des instru-

ments, de l'autre, les mouvements continuels du sol qui ne
leur assurent pas une suffisante stabilité et sur lesquels des
données commencent seulement à être recueillies. Leurs résultats n'en sont pas moins dans notre sens. Nous avons
donné, dans un autre travail, ceux sur lesquels nous croyons
avoir à nous appuyer. Il ne nous paraît pas inutile d'en re-
placer ici les chiffres sous les yeux du lecteur.

Latitude de Formentera.

Moyenne de 4,000 observations, en 1808,
par Arago. . . . .   38° 39' 56" 16

Moyenne de 1,060 observations, en 1827,
par Biot. . . . .   38° 39' 53" 19

Latitude de l'Observatoire de Paris.

Détermination, en 1811, par Humboldt, Mathieu et Arago,
de. . . . .   48° 50' 11" à 48° 50' 15"

—   en 1812, par Arago et Ma-
thieu. . . . .   48° 50' 13" 16

—   en 1815, par Bouvard. . . . . .   48° 50' 16"

—   de 1851 à 1854, par Laugier.   48° 50' 11" 19

—   de 1856 à 1861 (moyenne de
900 observations). . . . .   48° 50' 11" 71

—   en 1863, de.   48° 50' 9" 48 à 48° 50' 11" 7

—   en 1866, par M. Yvon-Villar-
ceau. . . . .   48° 50' 11" 2

—   en 1868, par Le Verrier. . .   48° 50' 11" 3

L'Europe tout entière serait soumise, à peu de chose près,
au même abaissement en latitude. Les variations, à Greenwich,
sont peu appréciables. A Pulkowa et à Kœnigsberg, elles se
révèlent dans le même sens qu'à Paris et qu'à Formentera.
Seulement, la mesure en serait plus faible. Il y a d'ailleurs à
considérer que les glissements ne sauraient s'effectuer, dans
leur ensemble, d'une manière absolument uniforme, leur

marche ne pouvant que différer, selon les lieux, en raison des résistances plus ou moins variables qu'ils doivent forcément rencontrer et dont la constitution des couches minérales peut aisément rendre compte.

A notre grand regret, il ne nous a pas été donné, pour Paris, de pouvoir recourir à des constatations plus récentes que celles indiquées.

Note B.

Obliquité du plan de l'écliptique.

Variable aussi bien que l'excentricité, mais dans une mesure infiniment plus faible, puisqu'elle ne dépasse pas 1° 21', l'obliquité du plan de l'écliptique est encore un des mouvements dont l'influence doit s'exercer dans le sens de nos actions. Avec une augmentation, les glissements polaires doivent s'activer ; avec une diminution, ils ne peuvent que se ralentir. Les phases précessionnelles s'en ressentiraient de leur côté. Les différences s'y rattachant ne sont, toutefois, pas de celles dont il y ait beaucoup à se préoccuper. C'est pourquoi nous ne les avons pas fait entrer dans nos supputations.

Note C.

Rotation de la Terre et fluidité intérieure du Globe.

Le mouvement de rotation de la terre n'a rien d'absolument régulier. Nous trouvons encore là un témoignage en faveur de nos glissements. Un ralentissement séculaire a été signalé par Delaunay, et des variations annuelles plus prononcées, sans l'être cependant beaucoup, ont été constatées par M. Neuwcomb. D'après ce dernier, un retard de 7 secondes de temps se serait produit de 1860 à 1862. Seulement, de 1862 à 1872, cette différence aurait été comblée, même avec une seconde de plus. Avec nos actions, les variations de ce genre n'ont rien que de présumable. La double influence du soleil et de la lune ne se combine pas et ne s'exerce pas toujours dans des conditions absolument identiques, et ce qui se produit par rapport aux marées, ne peut que se répéter par rapport aux glissements.

Le ralentissement signalé par **Delaunay** a été attribué par lui aux frottements des marées contre les continents; ce qui le fait en réalité découler aussi des attractions, et un astronome anglais, M. Airy, l'éminent directeur de l'observatoire de Greenwich, a calculé que ces seuls frottements suffisent pour l'expliquer. Mais il a considéré le globe dans sa masse comme ne formant qu'un seul et même tout, d'une égale solidification. Si l'action avait été envisagée au point de vue de la croûte mobile sur une nappe fluide, il est évident que le résultat n'aurait pu être que beaucoup plus concluant, la force agissante ne pouvant, dans ce cas, rencontrer les mêmes résistances. Cette seule raison suffirait pour justifier les glissements équatoriaux, et si les déplacements se produisent dans ce sens, ne doivent-ils pas se produire en même temps dans le sens des latitudes, d'une part, en raison de l'inclinaison de la terre sur son orbite; de l'autre, par suite de l'obliquité du plan de l'orbite lunaire?

A propos de l'oscillation diurne constatée dans les mouvements de l'atmosphère, sir William Thomson vient de reprendre les calculs déjà faits, non seulement par M. Airy, mais aussi par M. Adams, relativement au mouvement de rotation de la terre. Selon lui, ce mouvement, activé de trois secondes par siècle par le déplacement des couches atmosphériques, qui se portent en avant sous l'action calorique du soleil, serait ralenti de 25 secondes, également par siècle, sous celle des marées océaniques. Le résultat final serait donc un retard séculaire de 22 secondes. Ce n'est pas seulement ici l'équivalent de notre mouvement de rétrogradation, mais beaucoup plus. Un retard de 7 secondes suffirait, en effet, pour nos justifications. Seulement, rien ne dit que les glissements en longitude ne s'effectueraient pas dans une mesure même bien supérieure à ce chiffre.

Nos déplacements polaires, n'embrassent guère, par révolution, qu'un parcours de 94 degrés, alors que le même mouvement devrait forcément s'étendre, longitudinalement, aux 360 degrés qui constituent la circonférence du globe. La rétrogradation, à l'équateur et dans son sens, s'opérerait donc avec une vitesse qui serait au moins quatre fois supérieure à celle des glissements en latitude. Il y a à considérer que les entraînements naîtraient surtout de l'action attractive qui s'exerce sur le ménisque équatorial et que les déplacements polaires n'en seraient que la conséquence. La différence dans la marche des glissements, à l'équateur et aux pôles, pourrait presque s'expliquer par cela seul. Elle se justifierait aussi, comme nous avons eu à le faire observer, par l'inégalité des résistances qu'ils doivent rencontrer, résistances qui seraient beaucoup plus fortes dans le sens latitudinal que dans l'autre, par suite de la forme même du globe. La principale action naîtrait, enfin, de l'influence combinée du soleil et de la lune, à l'époque des équinoxes, influence qui ne se produirait et ne pourrait alors se produire que dans un seul sens, celui des longitudes. Non seulement, nos 7 secondes pourraient être très sensiblement dépassées comme retard, par siècle, dans la rotation de la terre, les 22 secondes de sir William Thomson pourraient l'être elles-mêmes, et, basés sur les seules résistances de la croûte mobile sur la nappe fluide, les calculs pourraient tout aussi bien rendre compte de cet excès de ralentissement.

Le noyau du globe n'étant pas à l'état solide, la masse fluide sur laquelle repose l'enveloppe minérale, doit, comme nos mers, subir l'influence des attractions. Elle-même serait donc soumise à des marées et ces autres marées ne sauraient que concourir au même résultat, surtout si, ce qui est supposable, certaines cavités existent entre les couches ignées et l'écorce solide. Cette action, qui s'ajouterait à celle des océans, ne pourrait même lui être que très supérieure, par cette double raison que le fluide soulevé aurait plus de densité que l'eau et que son flux ne trouverait pas, dans les vides où il se répandrait, les mêmes facilités d'expansion que nos mers sur leurs rivages.

Admettre la fluidité intérieure du globe, c'est, en somme, selon nous, admettre implicitement les déplacements de sa croûte. Mais le noyau terrestre est-il bien à l'état fluide ? Pour les géologues le doute n'est même pas possible et il faut bien reconnaître qu'ils s'appuient sur des considérations auxquelles l'observation de phénomènes qui relèvent d'eux, donne une pleine valeur. Seulement, il n'y a pas que les géologues à consulter.

Si la masse intérieure du globe avait une complète fluidité, ni la nutation, ni la précession des équinoxes ne s'accompliraient dans les conditions de temps que le calcul exige. Les substances qui constituent cette masse, se trouveraient donc, sinon dans un état de complète solidification, du moins dans un état de solidification relative. Selon Delaunay, cet état pourrait résulter de leur viscosité. Mais d'autres savants ont fait observer que cette viscosité pourrait ne pas se concilier avec la température extrême du milieu et l'énorme pression des couches les unes sur les autres. Il est vrai que la pression, au lieu de s'augmenter avec la profondeur, diminue à mesure que le centre du globe se rapproche, la pesanteur ne pouvant alors que décroître dans une proportion correspondante. La pression n'en irait pas moins, d'après M. Airy, jusqu'à 25 millions de *pounds*, soit plus de 11 millions de kilogrammes. Pour sir William Thomson, il n'existerait plus, à l'intérieur du globe, à l'état de fluidité ignée, que des sortes de lacs de peu d'étendue dans les cellules ou cavités de la masse. De son côté, en se basant surtout sur la mesure de l'aplatissement terrestre, M. Ed. Roche a été conduit à penser que le globe a dû commencer à se solidifier par le centre. Toutefois, il admet aussi qu'une nappe fluide, à laquelle se rapporteraient les laves, pourrait encore exister entre l'enveloppe superficielle et le noyau solide. Quel que soit l'état de la masse intérieure, qu'elle soit solide ou simplement visqueuse, du moment où la croûte qui la recouvre à sa surface, repose sur une nappe fluide, nos glissements ne sont pas seulement possibles, il ne pourrait même pas se faire qu'ils ne se produisent pas, et ce point, qui est la base fondamentale de nos théories, nous serait bien acquis.

Note D.

Immersions glaciaires.

Rappelons sommairement quelles en sont les limites :

En Europe, l'extrémité orientale de la mer Blanche, Saint-Pétersbourg, la Prusse, le Hanovre, la Hollande, le sud de l'Angleterre, et, chez nous, la pointe occidentale du Finistère;

Dans l'Amérique septentrionale, aux Etats-Unis, le 38ᵉ parallèle, et sur les rivages du Pacifique, le 46ᵉ;

En Asie, le cercle polaire, sauf vraisemblablement aux approches du détroit de Behring.

C'est en prenant ces points pour base et en nous reportant à 23 degrés en arrière, distance qui nous a paru correspondre à l'extension de l'aplatissement par rapport aux mouvements de la croûte terrestre, que nous avons tracé le cercle de notre trajectoire polaire. Les immersions n'auraient été que la conséquence des glissements et elles auraient eu pour bornes l'aplatissement même. C'est pourquoi, à notre sens, les lignes qu'elles décrivent, auraient une signification si nette. Par suite des glissements, des régions situées en dehors de l'aplatissement y pénètrent. C'est le moment de l'exondation, car les eaux sont les premières à subir l'influence de leur nouveau milieu. Quand elles en sortent, ce sont encore les eaux qui, naturellement, reprennent les premières le niveau par lequel repasse le point qu'elles occupent. Elles recouvrent conséquemment le sol qu'elles avaient d'abord abandonné et c'est alors que se produisent les immersions, lesquelles durent jusqu'à ce que la croûte minérale elle-même ait repris la courbe générale du sphéroïde. Dans l'intervalle, bien entendu, les terres et les eaux sont revenues à leur hauteur relative. Soulevé d'abord en apparence, alors qu'il reste encore stationnaire en réalité, le sol semble donc s'affaisser ensuite, alors qu'il doit déjà tendre à se relever. Or, ces mouvements sont bien ceux qui ont été constatés partout où les immersions glaciaires ont laissé leurs traces, et les Iles Britanniques en offrent particulièrement des exemples. Nous n'entendons pas dire que d'autres immersions que celles là, et également glaciaires, ne se soient pas produites à des distances plus ou moins différentes. Elles auraient pu être une conséquence des mouvements subis par le sol voisin lors de son passage par l'aplatissement ; mais elles n'en auraient pas été directement le résultat. Les plaines de la Russie ont été immergées jusqu'au-delà de Moscou, pendant l'époque quaternaire. Les dépôts laissés sur ce point peuvent également porter l'empreinte d'une très basse température. Au moment de nos plus grands froids, Moscou aurait occupé le 60° parallèle, comme aujourd'hui Saint-Pétersbourg ; mais avec l'excentricité d'alors la région aurait pu descendre jusqu'à la moyenne thermique de deux degrés centigrades au-dessous de zéro. La mer qui baignait la contrée, même sans communication avec l'océan glacial, aurait donc pu en revêtir les caractères climatologiques.

La partie septentrionale du golfe de Bothnie n'est pas depuis longtemps sortie du cercle de l'aplatissement. Son relèvement se marque très clairement par l'abaissement de ses eaux. Le phénomène, que nous avons en quelque sorte les yeux, est un de ceux que nous pouvons le plus directement invoquer.

Les mêmes mouvements du sol et des mers se sont certainement produits du côté du pôle austral comme du côté du nôtre. Là, malheureusement, les terres font en grande partie défaut et les constatations ne peuvent que nous manquer. L'action glaciaire s'y est toutefois empreinte d'une manière également assez nette, et il est à remarquer que, bien que plus éloignées actuellement du pôle, l'Australie méridionale et la Nouvelle-Zélande en ont été plus affectées que la partie extrême de l'Amérique.

C'est que ces points s'en seraient beaucoup plus rapprochés. Le rapprochement, pour Melbourne, par exemple, serait allé jusqu'à 25 degrés, alors que la Terre-de-Feu en serait, pour le moins, restée éloignée de 38. Le cap de Bonne-Espérance, à la pointe de l'Afrique, aurait été moins atteint encore. Son plus grand rapprochement n'aurait même pas dépassé 41 degrés. A défaut d'immersions glaciaires, l'hémisphère austral nous fournit lui-même, on le voit, des témoignages qui ne sont guère moins positifs.

Note E.

Pôles magnétiques.

Il est assez remarquable que leur position coïncide, à quelques degrés près, dans les deux hémisphères, avec le centre de nos stations polaires. S'il y avait là un complément de justifications pour notre théorie du balancement de l'écorce terrestre, on pourrait, du même coup, avoir, en partie du moins, l'explication qui reste toujours à trouver relativement au double emplacement occupé par ces pôles. Peut-être cette double situation ne tiendrait-elle, en effet, qu'au surcroît d'encroûtement qui existerait justement là et dans la composition duquel se seraient plus ou moins fixées des masses de ce fer natif que M. Daubrée suppose exister, en abondance croissante, au-dessous des couches superficielles du globe. Sans doute, les pôles magnétiques se déplacent. Les déviations de l'aiguille aimantée ne se prononceraient pas moins dans le sens de nos encroûtements. On sait que si la déclinaison a été, pour nous, quelque peu orientale antérieurement à 1666, depuis, elle s'est portée et est restée à l'ouest du pôle, où elle a atteint jusqu'à 23° 34' en 1814. Le fait méritait, de toute façon, d'être signalé.

Note F.

Soulèvements de montagnes.

Nous ne pouvons remonter au-delà de la fin de l'éocène pour établir les rapports qui existent entre les grandes excentricités de notre orbite et les grandes fractures du sol. Les rapprochements sur lesquels nous avons déjà eu à appeler l'attention à cet égard, n'en sont pas moins instructifs.

A la fin de l'éocène correspond le système de la Corse. L'excentricité est de 0,0517.

A l'époque du miocène inférieur se rapporte le soulèvement des Alpes du Dauphiné. L'excentricité s'est élevée à 0,0749.

Lors du miocène supérieur, apparaissent les Alpes-Maritimes. Excentricité 0,0575.

A l'époque du vieux pliocène, c'est le tour de la région apennine. Excentricité 0,0417.

Dans le cours des temps quaternaires, soulèvement des Alpes principales ainsi que des Andes. Excentricité 0,0575.

A la fin de cette dernière époque, formation des Açores et du mont Ventoux. Excentricité 0,0473.

Depuis lors, plus de fortes excentricités et aussi plus de ces grands phénomènes géologiques.

Nous ne prétendons pas, on le comprend, que les attractions, quelque puissantes qu'elles soient, suffiraient à elles seules pour déterminer les soulèvements de montagnes. Les poussées aident aux plissements qui naissent de la contraction du noyau central ; aux plissements succèdent des soulèvements plus ou moins étendus et d'une durée plus ou moins longue. Les soulèvements amènent, à leur tour, des brisements, et par suite l'irruption des eaux souterraines et même de celles de la surface jusqu'aux profondeurs des couches. C'est la réaction du foyer interne, avec son énorme température, qui, en vaporisant les eaux, leur donne cette force d'explosion qui réalise le phénomène. La cause des derniers tremblements de terre de l'Espagne est attribuée par M. Daubrée précisément à ces infiltrations d'eau que l'état de fissuration du sol justifie très bien. M. Fouqué a, de son côté, établi que le siège des secousses pouvait se trouver à une profondeur de 11 kilomètres. Rien ne saurait nous être plus favorable que ces constatations auxquelles, pour notre part, nous n'avons à rattacher, comme action originelle, que celle qui découle des attractions.

Note G.

Températures de la Terre.

Le tableau qui suit donne ces températures, selon les latitudes, aux principales époques géologiques, sur les bases que nous avons adoptées. Les chiffres offerts ne représentent, bien entendu, que la normale, abstraction faite des variations précessionnelles, qui feront l'objet d'une note spéciale.

DEGRÉS de latitude	MOYENNES DE LA TEMPÉRATURE NORMALE						
	Période carbonifère.	Période jurassique	Période crétacée	ÉPOQUE TERTIAIRE		Époque quaternaire.	Époque actuelle.
				1re moitié.	2e moitié.		
Pôle	− 2.0	−12.0	−16.0	−20.0	−21.0	−23 0	−25.0
85	0.0	10.0	14.0	18 0	19.0	21.0	22.0
80	+ 5.0	4.0	8.0	12.0	14.0	16.0	17.0
75	11.0	+ 1.0	2.0	6.0	8 0	10.0	11 0
70	16.0	6.0	+ 3.0	1.0	3 0	5.0	6.0
65	20.5	10.0	7.0	+ 3.0	+ 2.0	0.0	1.0
60	23.0	12.8	10.2	7.6	6.6	+ 5.0	+ 4.0
55	24.8	14.7	12.1	9.6	8 6	7.0	6.0
50	26.2	16 5	14.0	11.5	10.5	9.0	8.0
45	27.6	18.4	15 9	13.5	12.5	11.0	10.0
40	28.9	20.2	17.8	15 4	14.4	13.0	12.0
35	30.3	22 1	19.7	17.4	16.4	15.0	14.0
30	31.7	23.9	21.6	19.3	18.3	17.0	16.0
25	33.1	25.8	23.5	21.3	20.3	19.0	18.0
20	34.5	27.6	25.4	23.2	22.2	21.0	20.0
15	35.8	29.5	27.3	25.2	24.2	23.0	22 0
10	37.2	31.3	29.2	27.1	26.1	25.0	24.0
5	38.6	33.2	31.1	29.1	28.1	27.0	26.0
Équateur	40.0	35.0	33.0	31.0	30.0	29.0	28.0

Il ne faut pas perdre de vue que les chiffres offerts ne constituent que des moyennes et que certaines situations, prises isolément, ont pu ou pourraient en différer, même sensiblement. Nous rappellerons aussi que les proportions dont nous nous sommes servi, n'ont été appliquées que jusqu'au 60e parallèle. Au-delà, l'abaissement thermique devenant beaucoup plus rapide, nous avons dû nécessairement tenir compte de ce fait qui a certainement existé dès les premiers âges du globe. Enfin, nous ferons remarquer que la moyenne générale actuelle de notre hémisphère, de l'équateur au 60e parallèle est de 0,47 par degré de latitude et que celle de 0,40 dont nous avons fait usage, n'est applicable qu'à l'Europe et à la partie de l'Afrique qui est située en deçà de l'équateur et qui a les mêmes méridiens. Nous devions aussi faire cette distinction, les situations étudiées appartenant surtout à la partie de la terre que nous occupons.

Les températures actuelles de l'hémisphère boréal, sur la base des latitudes, y compris, bien entendu, la part résultant de l'action précessionnelle, sont les suivantes :

DEGRÉS thermométriques.	LATITUDES. (moyennes.)
28	4
25	24
20	32
15	39
10	46
5	54
0	60
glaces permanentes.	76

Les différences qui existent entre ces indications et celles de la dernière colonne de notre précédent tableau viennent, en très grande partie, de l'action précessionnelle. Elles tiennent en outre aux situations particulières dont nous avons fait mention, situations qui, dans quelques cas, suffiraient même pour rendre compte des écarts climatériques accusés par les flores.

Note II.

Action thermique de la précession.

Tableau indicatif de l'influence précessionnelle sur la base de l'excentricité terrestre, aux diverses dates pour lesquelles cette excentricité a été calculée.

(Se reporter au tableau de la Note A.)

ANNÉES.	NOMBRE de jours en excès à l'aphélie.	EXCÉDENT des heures de jour pour les étés et de nuit pour les hivers.	INFLUENCE précessionnelle en degrés thermométriques.		ÉPOQUES correspondantes
			en plus du côté des étés.	en moins du côté des hivers.	
0	8.1	165	1°6	1°6	Moderne.
10.000	9.0	183	1°8	1°8	
50.000	6.3	128	1°2	1°2	
70.000	15.2	310	3°0	3°0	
100.000	23.0	469	4°5	4°7	
150.000	16.1	328	3°2	3°7	
200.000	27.7	564	5°5	7°7	
210.000	27.8	566	5°5	8°5	Quaternaire.
250.000	12.5	255	1°8	3°9	
300.000	20.6	420	3°3	6°8	
350.000	9.5	194	1°4	3°9	
400.000	8.2	166	1°4	2°4	
450.000	15.0	306	3°0	3°3	
500.000	18.8	383	3°7	3°9	
550.000	8.0	163	1°6	1°6	Pliocène.
600.000	20.3	414	4°0	4°0	
650.000	11.9	[illegible]	3°2	3°2	
700.000	16.2	298	2°0	2°0	
750.000	27.8	566	5°5	5°5	Miocène.
800.000	6.4	130	1°3	1°3	
850.000	36.4	741	7°2	7°2	
900.000	4.9	100	1°0	1°0	Oligocène.
950.000	25.4	514	5°0	5°0	Eocène
1.000.000	7.3	149	1°4	1°4	(partie.)

Appliquées aux situations de Paris depuis l'éocène, les déterminations du tableau qui précède conduisent aux résullats exposés au tableau qui suit et figurés au diagramme qui accompagne notre travail.

Note I.

Mouvements de la température sous la double action des glissements polaires et de la précession des équinoxes.

Tableau des variations, pour Paris, sur la base de l'excentricité de l'orbite terrestre, en remontant jusqu'à la fin de l'éocène.

ANNÉES	SITUATION en LATITUDE.	TEMPÉRATURE NORMALE ou d'équilibre.	MOYENNES effectives y compris l'influence précessionnelle		ÉPOQUES correspondantes
			Étés à l'aphélie.	Hivers à l'aphélie.	
0	48°5	+ 8°4	· 10°0	. . . . . .	
10.000	49 1	8 3	10 1	6°5	Moderne.
50.000	50	8 0	9 2	6 8	
70.000	52	7 2	10 2	4 2	
100.000	55	7 0	11 5	2 3	
150.000	59	5 4	8 6	1 7	
200.000	63	2 0	7 5	— 5 7	
240.000	64	1 0	6 6	— 7 5	
250.000	65	0 0	2 5	— 3 9	Quaternaire.
300.000	65	0 0	3 3	— 6 8	
350.000	64	1 0	2 4	— 2 0	
400.000	62	3 0	4 4	— 0 9	
450.000	60	5 4	8 4	2 1	
500.000	57	7 8	11 5	3 9	
55 .000	54	9 0	10 6	7 4	
600.000	50	10 5	14 5	6 5	Pliocène.
650.000	47	11 7	13 9	9 5	
700.000	44	13 0	15 0	11 0	
750.000	41	14 5	20 0	9 0	Miocène.
800.000	39	15 5	16 8	14 2	
850.000	37	16 4	23 6	9 4	
900.000	35	17 4	18 4	16 4	Oligocène.
950.000	35	17 4	22 4	12 4	Eocène
1.000.000	36	17 0	18 4	15 6	(partie.

Rappelons que les variations auxquelles sont soumises les moyennes des températures, sous l'action précessionnelle, affectent surtout les hivers. D'après nos bases, elles portent sur ces saisons pour 0,8557 alors qu'elles n'atteignent les étés que dans la proportion de 0,1443. Nous en avons, page 120, au chapitre des considérations générales, indiqué les chiffres pour l'excentricité actuelle et pour celle d'il y a 850,000 ans. Donnons-en d'autres. Il y a 100,000 ans, à l'époque de la Madelaine, l'écart étant de 9°2, les hivers y ont figuré pour 7°9 et les étés pour 1°3. Il y a 500,000 ans, au début du quaternaire, la différence était de 7°6. La part des hivers a été de 6°5 et celle des étés s'est limitée à 1°1. Il y a 750,000 ans, l'âge que nous attribuons aux singes du Gers, l'écart, de l'un à l'autre hémisphère, a dû aller jusqu'à 11°, soit 1°6 pour les étés et 9°4 pour les hivers. C'est surtout sur ce terrain qu'il faut se placer pour bien se rendre compte des situations et des caractères qu'elles ont revêtues.

Note J.

Centres de froid.

Nous avons fait remarquer (note E) la connexité si frappante qui existe entre le centre de nos stations polaires et les pôles magnétiques. Le même rapport se retrouve en ce qui concerne le centre des froids, du moins dans notre hémisphère, car les données manquent encore relativement à l'autre. La cause pourrait aussi s'en trouver dans l'encroûtement lenticulaire que nous supposons exister sur ce point, lequel serait depuis longtemps beaucoup plus complètement et beaucoup plus profondément refroidi qu'aucune des autres parties du globe. Un autre centre presque analogue s'accuse, il est vrai, de l'autre côté de notre pôle, au nord de la Sibérie ; mais celui-là ne serait dû qu'à l'extrême étendue du continent asiatique, moins abrité, par suite de cette circonstance, contre les déperditions nocturnes.

L'étude astronomique de la climatologie de la planète Mars

nous a fourni des justifications relativement à nos fluctuations
précessionnelles de température. Il y a un fait auquel nous ne
nous étions pas arrêté jusqu'ici et qui a bien aussi son importance. La calotte de glace des pôles de Mars ne se réduit pas,
à la fin de leurs étés, d'une manière régulière. Ce qui en reste
se trouve situé non autour même des pôles, mais à côté, et il
est même arrivé, selon les constatations de M. Flammarion,
que le pôle boréal s'en est trouvé complètement dégagé. Le
centre des froids se marquerait donc là comme sur notre
globe, et peut-être faudrait-il y voir également le centre
d'un encroûtement particulier résultant de déplacements
superficiels analogues à ceux qu'éprouverait notre enveloppe
terrestre. Toutes ces concordances, on le reconnaîtra, sont
pour le moins assez surprenantes.

Note K.

Végétations polaires.

Celle des houilles, selon M. Faye, serait due à la température de la terre et aux conditions atmosphériques qui en
auraient été la conséquence. « Alors, dit-il, la vapeur formée
» en bas montait verticalement tout autour de la terre et
» allait se condenser à deux niveaux différents, celui des
» nuages ordinaires, formés de vésicules aqueuses, et celui
» des cirrhus, formés d'aiguilles solides de glace. Nulle part
» on ne voyait le ciel bleu et les astres qui s'y peignent en
» perspective. De toute l'enveloppe de cirrhus pleuvait une
» neige cristallisée fondant un peu plus bas et tombant sur le
» sol sous forme de pluie. » (1)

Que cet état ait été celui de l'atmosphère dans les temps
primordiaux, nous ne le contestons assurément pas. La
chaleur que le globe possédait encore, suffit pour l'expliquer ;
mais qu'il ait continué à exister à l'époque carbonifère, il
nous sera sans doute permis d'en douter. A supposer que la

(1) Bulletin de l'Association scientifique des 4 et 11 mars 1883,
page 349. Sur l'origine du Monde, 2ᵉ édition, page 248.

végétation d'alors n'eût eu besoin que d'une faible lumière, encore n'aurait-elle pu en être absolument privée, et d'où cette lumière lui serait-elle venue avec un ciel fait d'ombres aussi ininterrompues? — Nous reviendrons plus loin, note N, sur la théorie cosmogonique de M. Faye.

Note L.

Actions des Marées

Les protubérances liquides, soulevées par les attractions comme à l'encontre du mouvement de rotation de la terre, ne font pas qu'aider au glissement de son écorce, les marées qu'elles constituent sont aussi un des principaux agents de transformation des continents. Mais jusqu'ici on ne s'est guère préoccupé de ce que peut être leur action. Avec le maximum de l'excentricité terrestre, s'il avait pour conséquence un maximum de l'excentricité lunaire, elles acquerraient une force dépassant de beaucoup celle des marées actuelles. Quel travail de pareilles marées ne doivent-elles pas accomplir, avec l'aide des courants qu'elles déterminent! L'opinion a été émise par M. Hébert, avec M. d'Archiac, que le détroit du Pas-de-Calais n'a été définitivement ouvert que dans le cours des temps quaternaires. Les mouvements de la faune et de la flore, à cette époque, tendent bien à le démontrer. On peut avoir aujourd'hui la certitude qu'il est surtout dû aux érosions marines. A deux reprises, dans l'époque en question, se sont produites de fortes excentricités. Avec celle d'il y a 210.000 ans, les marées d'équinoxe, au périhélie, auraient été très sensiblement plus fortes que celles d'aujourd'hui. Avec l'excentricité d'il y a 100.000 ans, dans les mêmes conditions, elles les auraient encore dépassées de beaucoup en hauteur. On s'expliquerait, particulièrement ici, leur rôle dans la disparition de la digue, déjà très entamée, mais encore subsistante, qui rattachait l'Angleterre à la France. Leur intervention a du reste été probablement pour beaucoup aussi dans l'ouverture du détroit de Gibraltar qui daterait d'un âge correspondant. Que de couches, à toutes les époques, qui portent l'empreinte de ces érosions ! Combien de fois également les océans n'ont-ils pas laissé des traces de leurs réapparitions dans des terrains d'origine lacustre en voie de formation, réapparitions qui n'ont dû être, le plus souvent, que le résultat de cette extrême élévation des marées ! L'astronomie finira bien par nous montrer, avec plus de précision que nous ne pouvons le faire, ces grands facteurs qui ont tant ajouté aux causes physiques dans la constitution de notre sol.

Note M.

Mouvements du sol.

Ils sont de deux sortes : les mouvements subits et les mouvements lents. Les uns et les autres. nous l'avons déjà fait voir, n'ont rien qui ne cadre exactement avec nos théories.

Fréquents en tout temps, les tremblements de terre le sont surtout, d'une part, à l'époque des équinoxes, d'autre part, lorsque le globe occupe la partie de son orbite la plus rapprochée du soleil. De nombreuses observations l'ont constaté. Il a de plus été reconnu que l'impulsion la plus habituelle, dans la partie de la terre que nous habitons, est celle du nord-nord-est au sud-sud-ouest. C'est, dans un sens, l'époque des principales attractions; dans l'autre, c'est la direction même de nos glissements en latitude. En ce qui concerne les mouvements lents, quoi de plus rationel, si l'enveloppe terrestre se déplace réellement, qu'elle accentue, par les poussées latérales, ces plissements et ces dénivellations que les grandes excentricités transforment en soulèvements montagneux? Mais même avec la faible excentricité de notre époque, on peut, dans les mouvements étudiés, saisir l'action des attractions. Elle semble surtout visible dans les constatations de M. Ph. Plantamour. Depuis plus de sept ans que M. Plantamour poursuit ses observations, elles lui ont donné, dans le sens du méridien, des résultats qui, bien que différant quelque peu d'une année à l'autre, sont, au fond, restés identiques. Le mouvement oscillatoire s'est marqué chaque année, l'hiver, par un relèvement du côté nord, l'été, par un abaissement du côté sud. Les variations sur le parallèle, sensiblement plus accusées, ont, il est vrai, été moins concordantes; mais elles-mêmes, dans leur marche générale, ont cependant différé assez peu. Aux équinoxes doivent correspondre les principaux effets de cette dernière sorte. C'est bien alors qu'ils se sont manifestés. Au périhélie et à l'aphélie se rapporteraient les changements sur le méridien. On les retrouve bien aussi dans les situations qui y correspondent.

Sans doute, les variations reconnues peuvent être interprétées autrement que nous ne le faisons. On a pu y voir une des conséquences des mouvements de la température et de leur influence sur le sol. Elles concordent trop avec nos actions pour que nous n'ayons pas le droit d'y voir aussi bien un de leurs effets.

Les moyens employés pour la recherche des mouvements dont il s'agit, sont-ils irréprochables et conduisent-ils bien à toute la précision voulue? Il est certain que les niveaux à bulle d'air peuvent avoir des inconvénients. Un des observateurs, M. le colonel Von Orff, à Munich, l'a reconnu pour son compte. Le promoteur de ces recherches, M. d'Abbadie, se sert d'un autre procédé qui ne pourra que le conduire à plus de certitude. Notre grand Observatoire vient, de son côté, de recourir à des dispositions qui lui offriront, nécessairement aussi, beaucoup plus de garantie. Trouverons-nous là, définitivement, une confirmation de nos théories? Nous pouvons du moins l'espérer. Il y a, en tout cas, une chose qu'on ne saurait nier : c'est que le sol se meut, et il semble que la cause principale ne saurait en être cherchée ailleurs que dans es influences que les grands corps célestes exercent les uns à l'égard des autres. Si elle est réellement là, comme nous avons toute raison de le penser, et si on l'y reconnaît, un grand pas, par cela seul, aura été fait vers la solution du problème auquel nous nous sommes attaché, sans avoir assez mesuré nos forces, mais du moins, avec toute la persévérance dont nous sommes capable.

Note N.

Théories cosmogoniques.

On connaît celle de Laplace : le soleil, constitué d'abord, aurait abandonné peu à peu ses parties extrêmes, dont se seraient composées les planètes. Pour M. Faye, les planètes, sauf les plus éloignées, se seraient, au contraire, formées alors que le soleil n'existait pas encore, et ce cas eût naturellement été celui de la terre. Nous n'avons pas à nous occuper ici de la première de ces hypothèses. Nous toucherons à la seconde un peu plus que nous n'avons pu le faire précédemment.

« Une force, dit M. Faye, règne dans les espaces, l'attrac-
» tion, qui sollicite les matériaux de chaque amas vers son
« centre et y accomplit un travail de condensation. » (1) Telle est bien la loi universelle. Mais si une agglomération ne s'est pas produite tout d'abord au centre de la nébuleuse solaire, il faut donc que les choses s'y soient passées autrement que ne le veut cette grande loi ? La question resterait, pour le moins, à résoudre.

M. Faye s'exprime ailleurs comme suit : « La terre étant
» plus ancienne que le soleil, le soleil, tel que nous le voyons
» aujourd'hui, n'existait pas à l'époque primitive. Il n'y avait
» alors ni saisons, ni climats ; la température superficielle,
» déterminée par la seule chaleur interne, était partout la
» même, aux pôles comme à l'équateur. Aux lieu et place de
» ce globe éblouissant, à puissantes radiations caloriques, que
» nous nommons le soleil, il n'y avait que des matériaux
» épars, convergeant de tous côtés vers le centre du système
» planétaire. Ils y produisaient peu à peu, très lentement, par
» leur rencontre, un vaste amas faiblement lumineux, émet-
» tant à peine un peu de chaleur, sans forme définie. Or, il

____

(1) Sur l'origine du Monde, 2ᵉ édition, page 186.

« est permis d'attribuer à cet amas des dimensions bien
» supérieures à celles du soleil actuel. » (1)

Ici encore les matériaux vont au centre, et cependant le
centre n'aurait toujours pas été autrement occupé. Nous n'entendons nullement, au surplus, contester l'exactitude de la
peinture offerte. Seulement, nous nous demandons quelle est
exactement l'époque que M. Faye a eu en vue. L'époque primitive s'est composée de bien des phases. S'agirait-il plutôt de
son commencement que de son milieu ou de sa fin ?

En se basant sur l'hypothèse de Laplace, M. Blandet a
attribué au soleil, à l'époque carbonifère, un diamètre allant
jusqu'à 47 degrés, soleil dont nous nous sommes du reste
occupé et dont nous avons montré l'insuffisance, malgré son
ampleur, pour expliquer les végétations polaires. Le soleil de
M. Faye, celui dont nous venons de parler, aurait pu être
aussi grand que l'autre, mais il eût encore été dépourvu de
noyau, et, dans ces conditions, il est certain que l'uniformité
de son action, ou plus exactement de son inertie, se serait
mieux établie. Il est vrai que M. Faye a aussi attribué à son
soleil un autre volume. Voici ce qu'on trouve à la page 283 de
son livre : « A l'époque indiquée (carbonifère), le diamètre du
» soleil visible devait être tout au plus triple et non pas
» 86 fois plus grand qu'aujourd'hui. » Ce soleil, simplement
trois fois plus grand que notre soleil actuel, n'aurait donc
plus été celui déjà décrit. Un travail considérable de condensation s'y était dès lors opéré, et cela nous éloignerait
beaucoup de l'époque primitive, telle qu'on aurait pu tout
d'abord la concevoir. En réalité, il n'aurait guère été autre
que le soleil que nous avons nous-même admis, et nous ne
comprenons plus alors, quel qu'ait été l'état de l'atmosphère
terrestre, que l'équateur n'en ait pas été autrement influencé
que les pôles.

Nous avons fait observer, page 14 de notre travail, que,
plus excitée à l'époque des houilles, l'énergie solaire devait se

1) Sur l'origine du Monde, 2e édition, page 284.

dépenser plus abondamment. Nous empruntons encore le passage suivant à l'ouvrage de M. Faye :

« Il y a eu un temps où la température du soleil allait
» croissant, par la contraction, plus vite qu'elle n'allait
» baissant par la radiation. Il en est autrement aujourd'hui.
» La contraction ne répare plus qu'en partie la perte annuelle.
» Le soleil se refroidit progressivement et c'est ainsi qu'il est
» passé du type n° 1 des étoiles au type n° 2. » (1) Ainsi,
d'après M. Faye lui-même, l'action calorique du soleil a été
plus puissante autrefois qu'elle ne l'est maintenant. Nous nous
rencontrerions sur cet autre point avec l'éminent astronome.
Il n'y aurait de désaccord entre nous, à cet égard, que relativement à l'époque où le maximum de l'intensité solaire se
serait produit, M. Faye le rapportant à l'époque tertiaire alors
que nous le faisons remonter à des temps très antérieurs.

La température de la terre, elle aussi, s'est réduite ; mais
aurait-elle bien encore été assez élevée, à l'époque des
houilles, pour que son atmosphère fût restée constituée
comme M. Faye le suppose. Qu'on ajoute au tableau de la
note K, qui précède, un soleil sans rayons, qui n'en aurait
pas été un à proprement parler, et qu'on nous dise si la
végétation d'alors, quelle qu'elle ait été, aurait pu procéder
de pareilles ténèbres. Les fougères, fait observer M. Faye,
aiment l'ombre. Les espèces arborescentes ne sont guère
aujourd'hui répandues, on le sait, que vers les tropiques. Le
soleil ne les y incommoderait donc pas trop. Et ce n'est pas
seulement la flore carbonifère qui aurait été une des conséquences du milieu en question, mais les flores subséquentes
jusqu'aux plus rapprochées de notre époque, puisque ce n'est
qu'à cette condition qu'elles auraient pu se maintenir aux
alentours des pôles.

Au lieu du vaste soleil, encore incomplétement allumé, que
M. Faye nous a montré, aurons-nous recours, pour éclairer
un peu les limbes carbonifères, au soleil déjà condensé dont

(1) Origine du Monde, page 226.

il a aussi fait mention? Une autre difficulté se présente. L'éclairement du globe se serait, d'après lui, étendu alors, et même longtemps après, jusqu'au delà des cercles polaires. Comment les dimensions si réduites de ce nouveau soleil y auraient-elles suffi ?

Moins refroidie, la température du globe devait, sans aucun doute, permettre aux plantes de prospérer plus haut en latitude que cela n'a lieu aujourd'hui, et, en ce qui concerne l'époque tertiaire, le fait se serait d'autant plus aisément réalisé que le soleil, avec la manière de voir de M. Faye, se serait alors trouvé au point culminant de son activité. Mais si la terre, à ce moment, était encore plus chaude dans le voisinage des pôles, elle devait être plus chaude aussi dans ses autres parties, et la chaleur solaire s'y ajoutant, cette fois, dans toute sa plénitude, qu'auraient donc été les moyennes thermiques, non pas seulement sous l'équateur, mais même dans les zones intermédiaires ? On peut tout au moins supposer qu'elles auraient été très supérieures à celles actuelles, et comment alors expliquer leur propre végétation ? Par la densité, restée plus forte, des couches atmosphériques, répondra-t-on, densité qui en aurait encore fait une sorte d'écran derrière lequel les plantes se seraient trouvées abritées ; mais la flore tertiaire, et tout aussi bien d'ailleurs les flores jurassiques et crétacées, sans remonter plus loin, ne sont-elles pas là pour attester tout ce que la lumière sous laquelle elles se sont épanouies avait de puissance et d'éclat?

Allons plus avant dans cette question des températures à l'époque tertiaire. Au Spitzberg, sous le 78e parallèle, la moyenne, accusée par ses plantes, aurait encore été, nous l'avons vu, de 8 à 9 degrés centigrades au-dessus de zéro. La moyenne thermométrique du même lieu ne dépasse plus aujourd'hui 8 degrés au-dessous. La différence entre les deux époques serait conséquemment de 16 à 17 degrés. Sur les mêmes bases, les contrées qui jouissent aujourd'hui d'une température annuelle de 15 degrés, le midi de la France, par exemple, en aurait donc eu une de près de 32 degrés, et celle de l'équateur eût été supérieure à 44. Il ne faut pas oublier.

en effet, que la température du Spitzberg n'eût été qu'un reste
de la chaleur émanée du foyer intérieur et que, plus chaud de
16 à 17 degrés vers les pôles, le globe, surtout sous l'action
du soleil incandescent d'alors, n'aurait pu, sous l'équateur,
que posséder une élévation pour le moins correspondante.

Autre rapprochement non moins instructif : la moyenne
climatérique, à l'époque des houilles, pour l'ensemble de la
surface terrestre, eût été de 25 degrés, chaleur que le sol,
selon M. Faye, n'aurait due qu'au rayonnement interne, et,
lors du miocène, le 78ᵉ parallèle, ainsi que nous venons de le
rappeler, aurait encore eu jusqu'à 8 à 9 degrés. Le refroidissement superficiel, malgré la latitude, n'eût donc été là que de
16 à 17 degrés pendant ce long espace de temps, tandis que
depuis l'âge tertiaire jusqu'à nos jours, il se serait accru de
17 autres degrés, soit d'une valeur égale. Comment rendre
compte de cet affaiblissement, si lent d'abord et devenu si
rapide ensuite ? L'action progressive du soleil aurait-elle été
pour quelque chose dans la lenteur du refroidissement aux
époques antérieures ? Mais ne serait-ce pas reconnaître tout
ce que le soleil avait déjà de pouvoir et de force, et alors que
deviendrait la théorie qui n'en aurait encore fait qu'une sorte
d'astre embryonnaire ? N'y aurait-il pas aussi à s'étonner que
ce fût justement à partir du moment où il serait arrivé à
l'apogée de sa puissance calorique que le soleil aurait moins
contrebalancé l'effet du refroidissement survenu ?

Une cause est surtout invoquée à l'appui de l'abaissement si
accéléré de la température à partir de l'époque tertiaire : c'est
la réduction de l'atmosphère primitive qui, selon M. Faye, se
serait trouvée, dès ce moment, à peu près arrivée à ses
dimensions actuelles. Assurément, l'atmosphère amoindrie n'a
pu que perdre beaucoup de son ancienne faculté de préservation. Mais l'amoindrissement aurait donc, en quelque sorte,
fini par se précipiter. Il resterait, de toute façon, la dernière
végétation du Spitzberg, avec la température qu'elle révèle, et
le fait indiqué se justifierait d'autant moins. Ce que nous
disons du Spitzberg s'applique du reste tout aussi bien aux
autres régions polaires, qui ont aussi eu leurs flores à une
époque regardée comme correspondante.

Difficile à comprendre tel que nous venons de le faire ressortir, l'affaiblissement de la température de notre planète, du miocène à l'époque actuelle, le devient beaucoup plus encore si l'on s'arrête à l'époque quaternaire. L'intervalle se raccourcit d'au moins moitié, et, de plus, l'époque quaternaire, avec ses rigueurs, ne saurait guère être considérée comme un acheminement simplement graduel vers nos températures d'à-présent. La chute thermique se serait donc bien autrement accentuée. Pour ce qui est du soleil, M. Faye reconnaît que, bien qu'atteint déjà d'un faible déclin, il n'aurait guère été différent de ce qu'il est aujourd'hui, et cependant l'astre, qui aurait appartenu d'abord à la catégorie des étoiles blanches, ne se rapporterait plus maintenant qu'à celle des étoiles jaunes. Il aurait donc fallu aussi qu'il perdît son premier rang de l'époque tertiaire, date de sa « pleine illumination, » à l'époque quaternaire qui est celle où il serait devenu à peu près ce qu'il est (1).

Un calcul, particulièrement intéressant pour nous, a été fait relativement au soleil. Arrivé à ses dimensions actuelles, le total de la chaleur que les apports y auraient produite, se serait élevé, d'après M. Faye, à 14,500,000 fois la déperdition annuelle d'aujourd'hui. « Ce qui revient à dire, ajoute le » savant académicien, que, par le seul fait de sa condensation » progressive, la masse solaire aurait gagné assez de chaleur » pour alimenter sa radiation actuelle pendant près de 15 » millions d'années. » (2) Pour notre part, nous ne faisons remonter l'époque houillère qu'aux deux tiers de ce temps, soit à environ 10 millions d'années. Le soleil, dès ce moment, aurait donc pu nous faire bénéficier, même très largement, de ses effluves et conserver encore la possibilité de nous réchauffer, dans la même mesure, pendant une longue suite de siècles.

La question de l'origine de notre monde a d'autres côtés qu'il nous faut également considérer.

(1) Sur l'origine du Monde, pages 290 et 291
(2) Sur l'origine du Monde, page 224.

La force attractive des grands corps célestes s'exerçant en raison de leurs masses, il est évident que, si le soleil n'avait encore été qu'incomplètement constitué au début de l'époque paléozoïque, il n'aurait pu exercer, à l'égard de la terre, une action égale à celle qui lui appartient de nos jours. Par cette raison que la croûte terrestre aurait eu beaucoup moins d'épaisseur et que conséquemment elle eût opposé moins de résistance, elle aurait pu tout aussi bien subir les déplacements auxquels elle est soumise. Les variations de l'excentricité de son orbite se seraient également déjà produites, puisque ces variations sont surtout le résultat de l'influence des planètes qui nous avoisinent et que ces planètes auraient elles-mêmes déjà existé. Mais il y aurait eu surtout, dans ce cas, à compter avec l'intervention de la lune. Moins attirée par le soleil, la terre en serait restée plus éloignée et par cela même notre satellite se serait maintenu beaucoup plus près d'elle. Ce que le soleil aurait moins fait par rapport à nos glissements, la lune l'aurait donc accompli et tout porte à croire que son action eût même été plus qu'équivalente. Nous avons montré combien les marées peuvent s'accroître dans certaines conditions d'excentricité et de précession. C'est alors surtout qu'elles auraient eu de l'importance, et l'attraction lunaire aurait d'autant plus agi dans le sens de notre mouvement qu'elle se serait produite à la fois, avec plus de force, aussi bien sur le noyau fluide que sur les mers de la surface.

Notre but, avons-nous besoin de le dire, n'est en rien de nous poser en adversaire de la théorie cosmogonique de M. Faye. Si quelqu'un devait le revendiquer, ce n'est à nous d'aucune façon qu'un pareil rôle pourrait appartenir. Le système n'a rien au surplus qui puisse nous être réellement contraire. Seulement, dans l'application qu'il en a faite à la Géologie, M. Faye s'est placé sur un terrain où il ne nous était pas possible de le suivre. Nous avons simplement tenu à le faire observer.

TABLE DES MATIÈRES.

EXPOSÉ THÉORIQUE.   1

FLORE CARBONIFÈRE   7

   —   JURASSIQUE. 26

   —   CRÉTACÉE 34

   —   TERTIAIRE. 48

         1° PALÉOCÈNE. 50

         2° ÉOCÈNE 53

         3° OLIGOCÈNE. 57

         4° MIOCÈNE. 63

            1° *Sous-Période aquitanienne* 63

            2° *Sous-Période molassique* 75

         5° PLIOCÈNE 80

   —   QUATERNAIRE. 89

RÉSUMÉ ET CONSIDÉRATIONS GÉNÉRALES :

  Températures primitives 106

  Glissements polaires 107

  Action précessionnelle. 112

  Migration des flores 120

NOTES. A. Exentricités, attractions, glissements. 127

        B. Obliquité du plan de l'écliptique 130

        C. Rotation de la Terre et fluidité intérieure du

            Globe. 130

        D. Immersions glaciaires. 134

        E. Pôles magnétiques. 136

        F. Soulèvements de montagnes. 136

        G. Températures de la Terre. 138

        H. Action thermique de la précession des équi-

            noxes. 140

        I. Mouvements de la température au double

            point de vue des glissements polaires et de

            l'action précessionnelle 141

        J. Centres de froid 142

        K. Végétations polaires. 143

        L. Action des marées 144

        M. Mouvements du sol 145

        N. Théories cosmogoniques. 147

LES VÉGÉTATIONS FOSSILES

Tableau indiquant, pour Paris, à partir de notre époque, et en remontant jusqu'à 1.000.000 d'années en arrière, les situations en latitude, avec tracé des limites climatériques résultant de la précession des équinoxes

Nota . La courbe intérieure est celle des situations en latitude. Les lignes brisées représentent les limites des oscillations précessionnelles, oscillations qui ont été figurées, de 0 à 10.000 ans, par une courbe spéciale. Pour les températures correspondantes, se reporter au tableau de la note I .

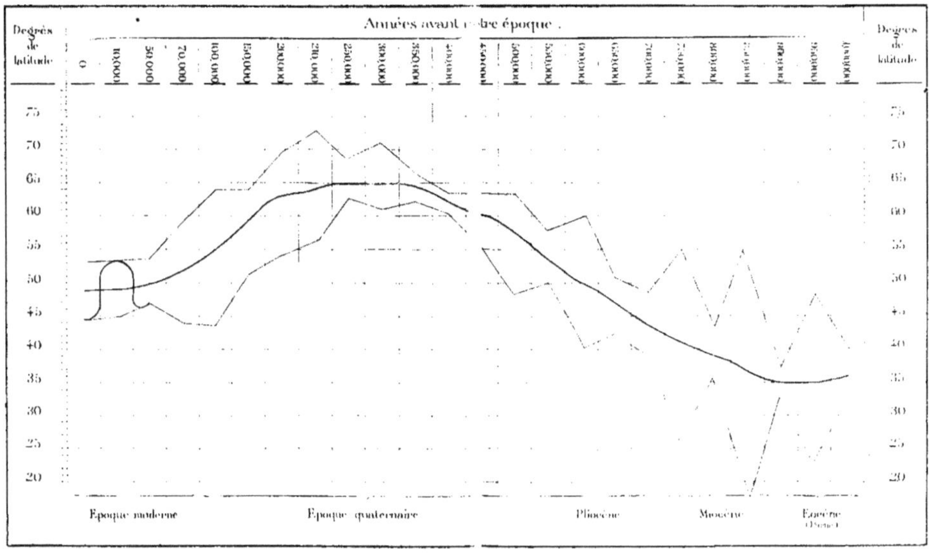

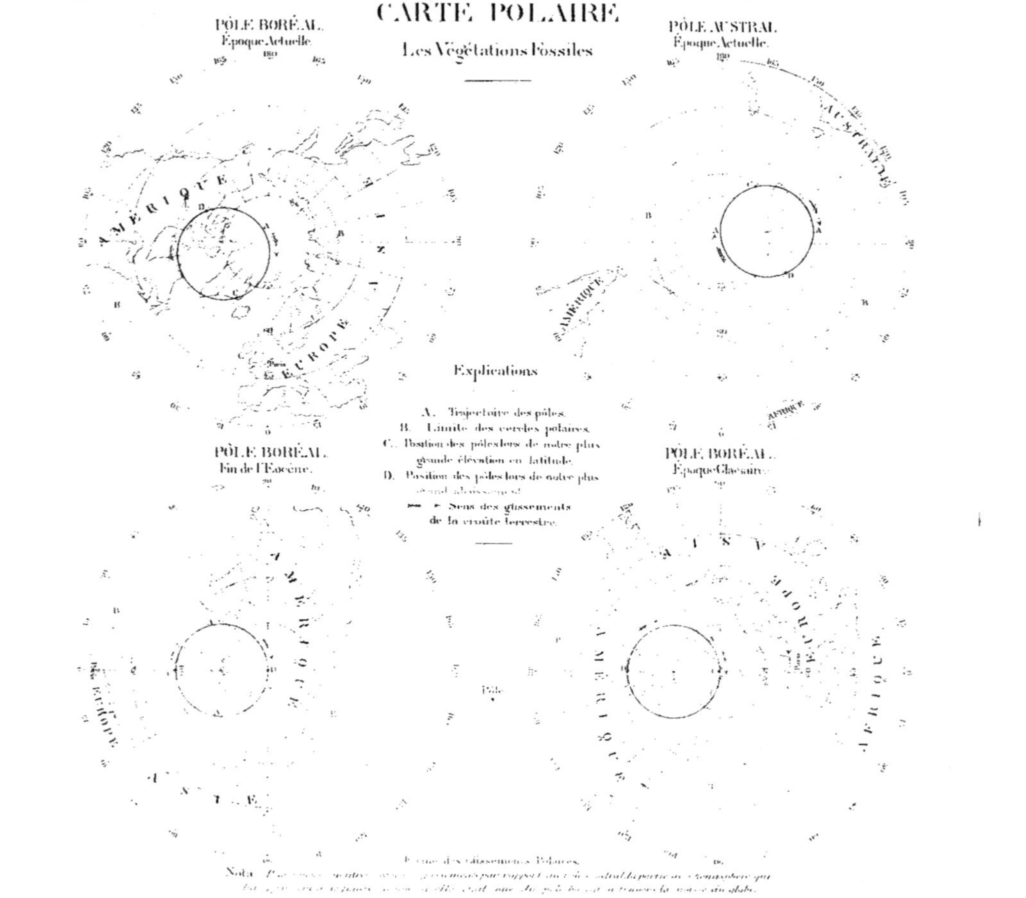

CARTE POLAIRE
Les Végétations Fossiles
PÔLE BORÉAL.
Époque Actuelle.
PÔLE AUSTRAL.
Époque Actuelle.
PÔLE BORÉAL.
Fin de l'Éocène.
PÔLE BORÉAL.
Époque Glaciaire.
Explications
A. Trajectoire des pôles.
B. Limite des cercles polaires.
C. Position des pôles lors de notre plus grande élévation en latitude.
D. Position des pôles lors de notre plus grand abaissement.
Sens des glissements de la croûte terrestre.
AMÉRIQUE
EUROPE
ASIE
AUSTRALIE
AFRIQUE
Pôle